W0261637

Gabriele Colditz

Auen, Moore, Feuchtwiesen

*Gefährdung und
Schutz von Feuchtgebieten*

Springer Basel AG

Die Deutsche Bibliothek – CIP-Einheitsaufnahme

Colditz, Gabriele:
Auen, Moore, Feuchtwiesen : Gefährdung und Schutz von
Feuchtgebieten / Gabriele Colditz.

ISBN 978-3-0348-6196-0   ISBN 978-3-0348-6195-3 (eBook)
DOI 10.1007/978-3-0348-6195-3

© 1994 Springer Basel AG
Ursprünglich erschienen bei Birkhäuser Verlag, Basel 1994
Softcover reprint of the hardcover 1st edition 1994

Umschlaggestaltung: Micha Lotrovsky, Therwil

ISBN 978-3-0348-6196-0

9 8 7 6 5 4 3 2 1

Inhaltsverzeichnis

Vorwort

Wer kann schon von sich behaupten, daß er auf einem kurzen Spaziergang in unmittelbarer Entfernung seines Hauses verschiedene Feuchtbiotope vorfindet und dort Orchideen, Wollgras, Enzian, Mehlprimel, Sumpfdotterblume und viele andere mehr oder weniger gefährdete Pflanzenarten antrifft? Ich habe das Glück, in einer noch teilweise naturnah erhaltenen Landschaft wohnen zu dürfen. Das Ostallgäu im Südwesten Deutschlands ist relativ dünn besiedelt. Wegen der Höhenlage, des rauhen Klimas und der schweren und steinigen eiszeitlichen Böden kann hier kein Ackerbau betrieben werden. Fast alle Landwirte leben von der Milchwirtschaft. Früher bestand ein Großteil der Kulturflächen aus extensiv genutzten Streuwiesen, auf denen massenweise Enziane wuchsen. Heute sind über 90 Prozent dieser ursprünglichen Feuchtflächen in intensiv genutzte Mähwiesen oder Weideland umfunktioniert. Im Mai, wenn der Löwenzahn blüht, ist die hügelige Weidelandschaft des Ostallgäus, soweit das Auge blickt, von einem dichten, gelben Teppich überzogen. Der Löwenzahn liebt den Nährstoffreichtum, und kaum eine andere Pflanze kann auf den überdüngten Böden neben ihm bestehen. Besucher sind immer wieder fasziniert von diesem Anblick. Mir wird dabei aber jedes Jahr aufs Neue bewußt, daß diese gelbe Pracht nur ein Zeichen dafür ist, wieviele wertvolle Lebensräume wie Moore und Feuchtwiesen unwiederbringlich verloren sind. Viele der heute intensiv genutzten Mähwiesen waren früher Feuchtflächen, die ihren Charakter durch Entwässerung, Auffüllung und intensive Bewirtschaftung schnell verloren haben.

Auf meinen Spaziergängen freue ich mich daher über jedes Knabenkraut und jede kleine Enzianpflanze, die wieder ein Jahr überlebt haben. Jedes Frühjahr warte ich auf die Laichballen von Fröschen und Kröten, die immer an derselben Stelle abgelegt werden. Die von ihren Nahrungsplätzen auffliegenden Graureiher sind schon ein gewohnter Anblick. Und manchmal lassen sich sogar Kraniche auf ihrer weiten Wanderung zu einer kurzen Rast nieder.

Aber leider findet man solche Idyllen nur noch in sehr wenigen Gegenden in Mitteleuropa. Artenreiche Auenwälder und die für Vögel wichtigen Auenwiesen verschwinden, weil Flüsse in ein künstliches Bett gezwungen und Deiche gegen Überschwemmungen errichtet werden. Moore werden trockengelegt, damit man den Torf gewinnen und später die Flächen aufforsten oder landwirtschaftlich nutzen kann. Alle für die Natur so wertvollen Feuchtwiesen sind für die Landwirte wertlos und werden entwässert, gedüngt und häufig gemäht. Glücklicherweise sind die ersten Schritte zur Erhaltung und sogar zur Renaturierung solcher Feuchtflächen gemacht. Häufig sind aber nur noch winzige Bruchteile von den ursprünglichen Feuchtgebieten erhalten. Ob diese «Naturinseln» ausreichen, um die bedrohten Tier- und Pflanzenarten erhalten zu können, bleibt fraglich. Mit diesem Buch soll der naturinteressierte Leser nicht nur einiges über die verschiedenen Feuchtgebiete erfahren, sondern er soll sich vor allem auch der Bedeutung dieser einzigartigen Lebensräume bewußt werden. Man darf der fortschreitenden Naturzerstörung nicht wie ein unbeteiligter Dritter gegenüberstehen. Jeder einzelne ist betroffen und kann zur Erhaltung dieser Naturräume beitragen und sich für ihren Schutz einsetzen. Auf welche Weise, auch das wird in dem vorliegenden Buch erläutert.

Einleitung

Als Feuchtgebiete bezeichnet man Lebensräume, in denen sich mehr oder weniger große Mengen Wasser ganzjährig oder periodisch ansammeln. Man unterscheidet hierbei Wasser in stehender oder fließender Form, das sich entweder oberirdisch befindet oder als bis in den Wurzelraum von Pflanzen heranreichendes Grundwasser auftritt. Diese umfangreiche Gruppe von Lebensräumen unterteilt man in drei Kategorien: Gewässer, Naßstandorte und Feuchtstandorte.

Zu den Gewässern zählen Seen, Teiche, Weiher und Fließgewässer wie Bäche und Flüsse. Im vorliegenden Buch werden Feuchtstandorte vorgestellt. Als Feuchtstandorte bezeichnet man Zonen, in denen Grund- oder Regenwasser bis an die Wurzeln der Vegetation heranreicht und von den obersten Bodenschichten wie durch einen Schwamm festgehalten wird. Dadurch geht der besondere Charakter dieses Lebensraumes während einer längeren Trockenperiode nicht verloren. Die zeitweiligen Überschwemmungen, wie sie in Auenwäldern regelmäßig auftreten, werden nicht nur toleriert, sondern sind sogar zur Erhaltung der typischen Vegetation nötig.

Zu Feuchtstandorten zählen Moore, Auen, Bruchwälder, Feuchtwiesen, um nur einige Beispiele zu nennen. Bei der Unterscheidung der verschiedenen Feuchtflächen muß man sich vor Augen führen, daß eine strikte Trennung und Typisierung dieser Lebensräume fast nicht möglich ist, da viele in enger Beziehung und Wechselwirkung zu anderen Feuchtgebieten stehen. Die meisten Feuchtstandorte bildeten sich nach der Eiszeit. Natürliche Mulden und Senken füllten sich mit Schmelzwasser abgetauter Eismassen. Auf diese Weise entstanden Seen, von denen im Laufe der Jahrhunderte viele verlandeten und sich unterschiedliche Feuchtstandorte entwickelten. Daher muß man viele Feuchtflächen als Stationen ansehen, die innerhalb einer sukzessiven Entwicklung ständigen Veränderungen unterworfen sind.

Ein kurzes Kapitel in diesem Buch ist künstlichen, durch Menschenhand entstandenen Feuchtflächen gewidmet, die sich zu wertvollen Lebensräumen für verschiedene Tier- und Pflanzenarten entwickelt haben.

Die meisten und auch die größten Feuchtgebiete Deutschlands findet

12

man in Mecklenburg-Vorpommern, in Niedersachsen und in Bayern. Die Entstehungsgeschichte dieser Lebensräume liefert hierfür eine Erklärung: Die riesigen Eismassen der Alpen schoben sich talwärts und bildeten die großen Voralpenseen und die Gewässer, die später zu Mooren verlandeten. Die Eisplatten Skandinaviens schoben sich bis in die norddeutsche Tiefebene vor und füllten dort flache Senken mit Wasser. Da definitionsgemäß auch die Küstengebiete der Meere zu den Feuchtgebieten zählen, ist das niedersächsische Wattenmeer das flächenmäßig größte Feuchtgebiet in Deutschland. Aber auch in den anderen Bundesländern finden sich zwar kleinere, aber nicht minder wertvolle Feuchtstandorte.

Alle Arten von Feuchtgebieten spielen eine wichtige Rolle im Wasserhaushalt der Natur. Fließgewässer sind bedeutende Transportwege für Mineral- und Nährstoffe. Stillgewässer, Moore und Auen sind Wasserreservoire, die eine ausgleichende und dämpfende Wirkung auf den Feuchtigkeitshaushalt der Umgebung haben. Darüber hinaus sind Feuchtstandorte häufig Übergangszonen zwischen Land und Wasser, die sich durch eine besonders vielfältige Flora und Fauna auszeichnen. Diese Organismen sind meistens hoch spezialisiert an ihren Lebensraum angepaßt. Mit dem Verlust der Feuchtgebiete werden ihnen die Lebensgrundlagen entzogen. Besonders in den letzten 100 Jahren wurden durch menschliche Eingriffe zahlreiche dieser wertvollen Lebensräume zerstört und somit viele Pflanzen und Tiere in ihrem Bestand bedroht.

Zudem ermöglichen Lebensvorgänge in Feuchtbiotopen Rückschlüsse auf unsere eigene Entstehungsgeschichte. Betrachtet man die Entwicklung der Amphibien, die nur in Feuchtgebieten existieren können, so erhält man einen Einblick in ein wichtiges Kapitel der Evolution. Indem sich die Kaulquappen von einem kiemenatmenden Wasserbewohner zu einem lungenatmenden Landtier, nämlich dem Frosch oder der Kröte, entwickeln, spielt sich wie im Zeitraffer Jahr für Jahr die Entstehung der Landwirbeltiere ab. Wir werden Zeuge des Vorgangs, wie vor Jahrmillionen die wasserbewohnenden Wirbeltiere allmählich ihren Lebensraum verließen und als lungenatmende Tiere schließlich das Festland besiedelten.

Die Maßnahmen, die zu einer nachhaltigen Schädigung oder sogar zu einem Verschwinden von Feuchtbiotopen führen, sind sehr unterschiedlicher Natur. Für den Torfabbau wurden die meisten Moore trockengelegt. Entwässerung oder Auffüllung von Feuchtwiesen sollte mehr landwirtschaftlich nutzbare Flächen schaffen. Die Begradigung von Flüssen und Bächen sowie die künstliche Befestigung der Ufer führten dazu, daß kaum mehr natürliche Auen bestehen, die eine wichtige Pufferzone in Hochwasserzeiten sind. Nicht zuletzt führt auch die Vergiftung mit

Pflanzenschutzmitteln und anderen Chemikalien sowie die Eutrophierung (Überdüngung) zu einem Artensterben in unseren Feuchtgebieten.

Daher ist es höchste Zeit, die fortschreitende Zerstörung vorhandener
Feuchtbiotope aufzuhalten und nach Möglichkeit solche Lebensräume
zu regenerieren oder Ersatzbiotope zu schaffen.

Das vorliegende Buch stellt die verschiedenen Feuchtbiotoptypen
vor, indem es Informationen zu Flora und Fauna, zu Entstehung, Bedro-
hung, Erhaltung und Schutz dieser Lebensräume liefert.

Die Ramsar-Konvention

Obwohl man schon vor Jahrzehnten die ökologische Bedeutung von Feuchtgebieten erkannt hat, schreitet die Zerstörung dieser Lebensräume immer weiter voran.

Ein erster Schritt zu einem globalen Schutz dieser wertvollen Flächen war das «Übereinkommen über Feuchtgebiete, insbesondere als Lebensraum für Wasser- und Watvögel, von internationaler Bedeutung». Dieses Übereinkommen wurde am 2. Februar 1971 in der iranischen Hafenstadt Ramsar beschlossen und wird daher kurz «Ramsar-Übereinkommen» oder «Ramsar-Konvention» genannt.

Hauptziel dieser Konvention ist es, international bedeutende Feuchtgebiete zu benennen und aufzulisten. Die Gebiete sollen nach ihrer ökologischen, botanischen, zoologischen und hydrologischen Bedeutung, in erster Linie aber in Hinblick auf die von den Feuchtflächen abhängigen Wat- und Wasservögel ausgewählt werden. Die der Konvention beigetretenen Vertragsstaaten verpflichten sich, die Erhaltung dieser wertvollen Feuchtgebiete zu gewährleisten und darüber hinaus allgemein für die Unterschutzstellung von Feuchtgebieten und deren Betreuung zu sorgen. Die Forschung über Feuchtgebiete sowie über deren Tier- und Pflanzenwelt ist zu fördern, und eine Verbesserung der Lebensbedingungen von Wat- und Wasservögeln ist anzustreben. Die Feuchtgebiete werden vorwiegend nach quantitativen Kriterien ausgewählt. Sie gelten als international bedeutend, wenn sich dort eine bestimmte Anzahl von Wasser- und Watvögeln zeitweise aufhält. Für die verschiedenen Arten wurden Anhaltswerte aufgestellt. Die qualitativen Kriterien spielen eine Rolle, wenn das in Frage kommende Feuchtgebiet Lebensraum für besonders seltene und gefährdete Vogelarten ist oder wenn dort gefährdete Arten vorkommen, die auf diesen speziellen Biotop angewiesen sind.

Artikel 1 des Ramsarer Abkommens:

1. Feuchtgebiete im Sinne dieses Übereinkommens sind Feuchtwiesen, Moor- und Sumpfgebiete oder Gewässer, die natürlich oder künstlich, dauernd oder zeitweilig, stehend oder fließend, Süß-, Brack-

oder Salzwasser sind, einschließlich solcher Meeresgebiete, die eine Tiefe von sechs Metern bei Niedrigwasser nicht übersteigen.
2. Wat- und Wasservögel im Sinne dieses Übereinkommens sind Vögel, die von Feuchtgebieten ökologisch abhängig sind.

Am 25. Juni 1976 trat die Bundesrepublik Deutschland als elfter Staat dieser Konvention bei und meldete 18 Feuchtgebiete internationaler Bedeutung an. Im Jahre 1993 unterlagen schon 32 verschiedene Feuchtflächen aus den neuen und den alten Bundesländern der Ramsar-Konvention. Sie haben insgesamt eine Fläche von 672'863 Hektar. Die Mitgliedsstaaten sind jederzeit berechtigt, die Liste der aufgeführten Feuchtgebiete zu ergänzen.

Die ‹Ramsar-Gebiete› in Deutschland:

1a. Wattenmeer, Elbe-Weser-Dreieck
1b. Wattenmeer, Jadebusen und westliche Wesermündung
1c. Wattenmeer, Ostfriesisches Wattenmeer mit Dollart
2. Niederelbe zwischen Barnkrug und Otterndorf
3. Elbaue zwischen Schnackenburg und Lauenburg
4. Dümmer
5. Diepholzer Moorniederung
6. Steinhuder Meer
7. Unterer Niederrhein
8. Rieselfelder Münster
9. Weserstaustufe Schlüsselburg
10. Rhein zwischen Eltville und Bingen
11a. Bodensee, Wollmatinger Ried – Giehrenmoos
11b. Mindelsee Radolfzell
12. Donauauen und Donaumoos
13. Lech-Donau-Winkel
14. Ismaninger Speichersee mit Fischteichen
15. Ammersee
16. Starnberger See
17. Chiemsee
18. Unterer Inn zwischen Haiming und Neuhaus
19. Ostseeboddengewässer Zingst-Westrügen-Hiddensee
20. Krakower Obersee
21. Ostufer der Müritz
22. Galenbecker See
23. Unteres Odertal bei Schwedt

24. Niederung der unteren Havel
25. Teichgebiet Peitz
26. Helmestausee Berga-Kelbra
27. Hamburgisches Wattenmeer
28. Schleswig-Holsteinisches Wattenmeer
29. Mühlenberger Loch

Die ‹Ramsar-Gebiete› in Österreich:

1. Neusiedler See und Lacken im Seewinkel (Burgenland)
2. Donau-March-Auen (Niederösterreich)
3. Untere Lobau (Wien)
4. Rheindelta (Vorarlberg)
5. Stauseen am Unteren Inn (Oberösterreich)
6. Pürgschachen Moor (Steiermark)
7. Sablatnig Moor (Kärnten)

Die sieben österreichischen Ramsar-Gebiete umfassen eine Fläche von etwa 103'000 Hektar.

Die ‹Ramsar-Gebiete› in der Schweiz:

1. Baie de Fanel et le Chablais
2. Bolle di Magadino
3. Les Grangettes
4. Südufer des Neuenburger Sees
5. Rade de Genève et Rhône en aval de Genève
6. Klingnauer Stausee
7. Stausee Niederried
8. Kaltbrunner Riet

Die acht schweizerischen Ramsar-Gebiete umfassen eine Fläche von 7049 Hektar.

Etwa alle drei bis vier Jahre treffen die Vertragsstaaten der Ramsar-Konvention zu einer Konferenz zusammen. Hierbei müssen sie nationale Situationsberichte vorlegen, in denen über gesetzliche, politische und fachliche Maßnahmen zum Schutz von Feuchtgebieten und über die Entwicklung der gemeldeten Feuchtgebiete internationaler Bedeutung berichtet wird.

Leider sind in Deutschland in den vergangenen Jahren verstärkt Belastungen und Gefährdungen dieser Feuchtgebiete zu verzeichnen: durch die zunehmende Freizeitnutzung, die Verschlechterung der Wasserqualität, die Intensivierung der Landwirtschaft und Beeinträchtigungen durch Tiefflüge oder andere militärische Nutzung. Viel zu oft siegen industrielle, landwirtschaftliche oder andere finanzielle Interessen über die Belange des Naturschutzes. Die Anerkennung als international bedeutende Feuchtgebiete verleiht diesen Flächen noch keinen ausreichenden gesetzlichen Schutz. Entsprechende Verordnungen müssen also zusätzlich verabschiedet werden.

Bis 1991 sind 62 Staaten der Ramsar-Konvention beigetreten. Die flächenmäßig größten Feuchtgebiete haben die Staaten Australien, Kanada und die ehemalige UdSSR angemeldet. Von der Anzahl her gibt es die meisten angemeldeten Feuchtgebiete in Europa.

Aber was ist mit den zahlreichen kleinen Feuchtflächen, die bei uns noch zu finden sind, aber nicht diesem Übereinkommen unterliegen? Sie spielen, auch wenn sie noch so klein sind, eine wichtige Rolle in unserem Naturhaushalt und verdienen unseren Schutz.

Die Ramsar-Gebiete in Deutschland, Österreich und der Schweiz. Die Numerierung in den Karten ist mit der im Text (siehe Seite 16 bis 17) identisch.

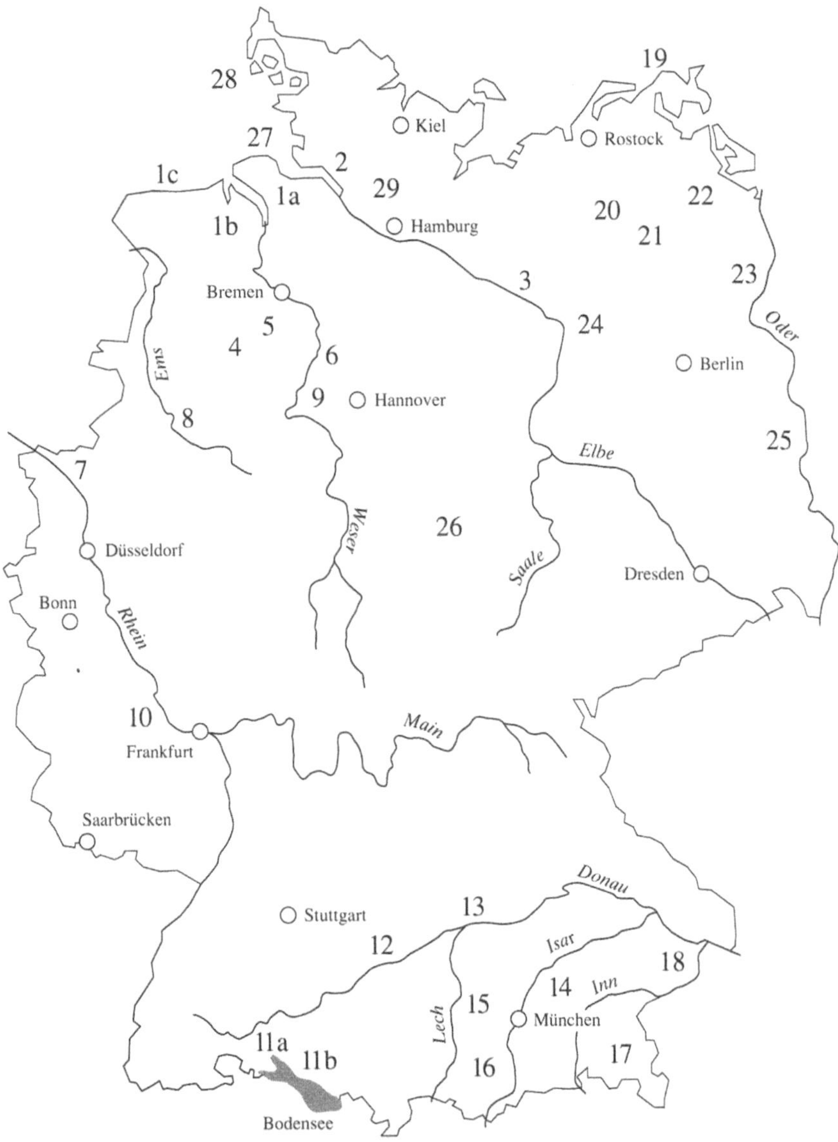

Linz
Donau
5
2
3
Wien
1
4
Inn
Salzburg
Enns
6
Salzbach
Innsbruck
Mur
Graz
Orau
7

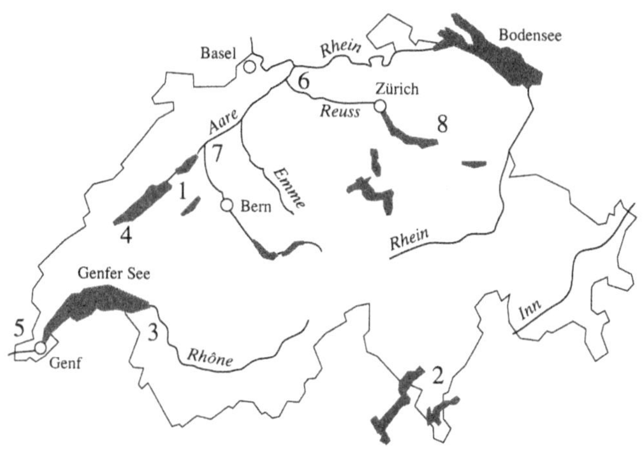
Basel
Rhein
Bodensee
6
Zürich
Aare
Reuss
8
7
Emme
1
Bern
Rhein
4
Genfer See
Inn
5
3
Rhône
Genf
2

Gesetzlicher Schutz von Feuchtgebieten

In § 20c des Bundesnaturschutzgesetzes heißt es:

(1) Maßnahmen, die zu einer Zerstörung oder sonstigen erheblichen oder nachhaltigen Beeinträchtigung folgender Biotope führen können, sind unzulässig:
   1. Moore, Sümpfe, Röhrichte, seggen- und binsenreiche Naßwiesen, Quellbereiche, naturnahe und unverbaute Bach- und Flußabschnitte, Verlandungsbereiche stehender Gewässer,
   2. offene Binnendünen, offene natürliche Block- und Geröllhalden, Zwergstrauch- und Wacholderheiden, Borstgrasrasen, Trockenrasen, Wälder und Gebüsche trockenwarmer Standorte,
   3. Bruch-, Sumpf- und Auwälder,
   4. Fels- und Steilküsten, Strandwälle sowie Dünen, Salzwiesen und Wattflächen im Küstenbereich,
   5. offene Felsbildungen, alpine Rasen sowie Schneetälchen und Krummholzgebüsche im alpinen Bereich.
(2) Die Länder können Ausnahmen zulassen, wenn die Beeinträchtigungen der Biotope ausgeglichen werden können oder die Maßnahmen aus überwiegenden Gründen des Gemeinwohls notwendig sind. Bei Ausnahmen, die aus überwiegenden Gründen des Gemeinwohls notwendig sind, können die Länder Ausgleichsmaßnahmen oder Ersatzmaßnahmen anordnen.
(3) Die Länder können weitere Biotope den in Absatz 1 genannten gleichstellen.

Auf den ersten Blick vermittelt diese gesetzliche Regelung den Anschein, daß alle wertvollen Lebensräume geschützt sind und wir uns um deren Beeinträchtigung keine Sorgen machen müssen. Aber da gibt es die «Ausnahmen, die aus überwiegenden Gründen des Gemeinwohls notwendig sind». In der Praxis sieht es leider so aus, daß im Rahmen einer landwirtschaftlichen oder industriellen Nutzung sehr viele Ausnahmen gemacht werden.

Durch gesetzliche Regelungen auf Landesebene, wie man sie beispielsweise in den Naturschutzgesetzen von Bayern und Baden-Württemberg findet, werden wertvolle Biotope, darunter auch die verschiedenen Typen von Feuchtflächen, einem strengeren Schutz unterworfen.

Stellvertretend und beispielhaft für die Gesetzgebung auf Landesebene sei hier Artikel 6d aus dem Bayerischen Naturschutzgesetz, zum Schutz von Feuchtflächen, Mager- und Trockenstandorten, zuletzt geändert am 16. Juli 1986, aufgeführt.

(1) Maßnahmen, die zu einer Zerstörung, Beschädigung, nachhaltigen Störung oder Veränderung des charakteristischen Zustands der in den Anlagen zu diesem Gesetz bezeichneten ökologisch besonders wertvollen Naß- und Feuchtflächen (Anlage 1) oder Mager- und Trockenstandorten (Anlage 2) führen können, bedürfen der Erlaubnis. Die Entscheidung über die Erlaubnis wird durch die Entscheidung über eine nach anderen Vorschriften erforderliche behördliche Gestattung ersetzt; diese Entscheidung wird im Benehmen mit der zuständigen Naturschutzbehörde getroffen. Die Maßnahme ist zu untersagen, wenn Beeinträchtigungen der jeweiligen Standorteigenschaften für wildwachsende Pflanzen und wildlebende Tiere nicht zu vermeiden oder nicht im erforderlichen Umfang auszugleichen sind und die Belange des Naturschutzes und der Landschaftspflege bei der Abwägung aller Anforderungen an Natur und Landschaft im Rang vorgehen.

(2) Die Sicherung von Brut-, Nahrungs- und Aufzuchtsbiotopen des Großen Brachvogels, der Uferschnepfe, des Rotschenkels, der Bekassine, des Weißstorches oder des Wachtelkönigs in feuchten Wirtschaftswiesen und -weiden soll in geeigneter Weise, insbesondere durch privatrechtliche Vereinbarungen angestrebt werden.

(3) Werden Maßnahmen im Widerspruch zu öffentlich-rechtlichen Vorschriften begonnen oder durchgeführt, kann die Einstellung angeordnet werden. Die Wiederherstellung des ursprünglichen Zustands kann verlangt werden, wenn nicht auf andere Weise rechtmäßige Zustände hergestellt werden können. Soweit eine Wiederherstellung des ursprünglichen Zustands nicht oder nur mit unverhältnismäßigem Aufwand möglich ist, kann der Ausgleich der nachteiligen Veränderungen durch Maßnahmen des Naturschutzes und der Landschaftspflege verlangt werden.

(4) Diese Vorschrift gilt nicht für Maßnahmen aufgrund der öffentlich-rechtlichen Verpflichtung zur Unterhaltung der Gewässer.

Anlage 1

Verlandungsbereiche von Gewässern mit Röhricht, Großseggenrieden, Kleinseggensümpfen und Großseggenrieden außerhalb von Verlandungsbereichen, Flächen mit Schlenkenvegetation, seggen- und binsenreiche Naß- und Feuchtwiesen, Mädesüß-Hochstaudenfluren, offene Hochmoore, Pfeifengrasstreuwiesen, Zwergstrauchheiden, Borstgrasrasen, Hochmoorwälder, Bruchwälder (Erlen-Bruchwald auf organischen Weichböden), von den Auwäldern im wesentlichen die, die regelmäßig einmal im Jahr überschwemmt werden.

Aber auch diese Vorschriften können nicht verhindern, daß immer noch Feuchtgebiete verschiedenen Maßnahmen, teils mit offizieller Genehmigung, teils in mehr oder weniger geduldeter Eigeninitiative der Nutznießer, zum Opfer fallen. Verstöße gegen solche Gesetze werden größtenteils als Kavaliersdelikte angesehen oder zumindest mit lächerlich geringen Strafen in Form von Bußgeldern geahndet.

Aus allen diesen Gründen ist es notwendig, daß nicht nur der Gesetzgeber Beeinträchtigungen von Lebensräumen verbietet, sondern daß jeder einzelne die Bedeutung wertvoller Biotope erkennt und sich persönlich für deren Erhaltung einsetzt. Eine Möglichkeit, die Interessen der Landwirte oder Nutzungsberechtigten von Feuchtflächen und das Anliegen des Naturschutzes miteinander zu vereinbaren, bieten die Naturschutzprogramme der Länder. Mehraufwand und eventuelle Mindererträge, die eine naturschonende Bewirtschaftung oder die Pflegemaßnahmen für die Erhaltung der Biotopstruktur mit sich bringen, werden durch Ausgleichszahlungen aufgefangen. Jeder Landwirt oder Nutzungsberechtigte einer schützenswerten Feuchtfläche kann Verträge zu diesen Programmen mit seiner zuständigen Behörde abschließen. Näheres dazu wird im Kapitel über Feuchtwiesen erläutert.

Auen

Oft besungen und auch in der Literatur vielfach erwähnt, waren die Auen schon immer ein Symbol für Lebenskraft, Nahrungsreichtum und Fruchtbarkeit. Sogar im Psalm 23 heißt es:

«Der Herr ist mein Hirte. Mir wird nichts mangeln. Er weidet mich auf einer grünen Aue ...»

Um so unverständlicher ist es, daß gerade diese Lebensräume, über deren herausragende Bedeutung für die Natur man sich schon seit jeher bewußt war, von den Menschen großflächig zerstört und immer mehr reduziert werden.

Den Lebensraum entlang von Fließgewässern, der periodisch überschwemmt wird, bezeichnet man als Aue. Die typische Auenvegetation reicht bis zu der Linie, die das Hochwasser als äußerste Grenze erreicht. Wegen der regelmäßigen Überschwemmungen und des hohen Grundwasserspiegels sind die Auenböden besonders in den gewässernahen Bereichen meistens wassergesättigt. Die periodischen Überflutungen bringen aber auch Sedimente und Nährstoffe mit sich, die in den Uferbereichen abgelagert werden. Daher sind Auenböden sehr gut mit Nährstoffen versorgt und zählen zu den fruchtbarsten natürlichen Böden.

Trotz des reichen Nährstoffangebotes können sich aber nicht alle Pflanzenarten in diesen Gebieten ansiedeln. Einerseits müssen die Pflanzen regelmäßigen Überschwemmungen gegenüber unempfindlich sein. Je näher sich die Pflanzen am Gewässer befinden, desto häufiger werden sie überflutet. Andererseits sind besonders die Zonen in der Nähe des Flußbettes starken mechanischen Beanspruchungen ausgesetzt, die auch spezielle Anpassungen der Vegetation erfordern. Bei Hochwasser werden ufernahe Erdmassen mitgerissen oder unterspült. Bei Trockenheit hat sich eine neue Schicht nährstoffreicher Sedimente abgelagert, die wieder erneut von Pflanzen besiedelt oder verwertet werden kann. Pflanzenarme Bereiche sind stark erosionsgefährdet. Die Bodenstruktur in den Auen bleibt also nie über längere Zeit unverändert. Sie befindet sich in einem ständigen dynamischen Prozeß.

Bedingt durch diese Dynamik und den Nährstoffreichtum zeichnen sich die Pflanzen durch eine außergewöhnlich hohe Produktivität aus. Die Pflanzen der gewässernahen Auenbereiche sind in der Lage, in kürzester Zeit neugeschaffene Lebensräume zu besiedeln. Da die Vegetation häufig mechanischen Zerstörungen ausgesetzt ist, haben viele Pflanzenarten eine erstaunliche Regenerationsfähigkeit entwickelt und so ihr Überleben in Hochwasserzonen gesichert.

Die Auenwälder, die sich in den höher gelegenen Bereichen der Hochwasserzonen entwickeln, zeichnen sich durch eine besonders große Artenvielfalt aus. Der nährstoffreiche, immer ausreichend feuchte Boden bietet Lebensraum für eine Fülle von Pflanzen, die wiederum für zahlreiche Tiere Existenzgrundlage sind. Auch die Tiere müssen in besonderer Weise an das Leben in Überschwemmungszonen angepaßt sein: Entweder sind sie gute Schwimmer oder sie verkriechen sich bei Hochwasser im Untergrund, oder aber sie klettern auf Bäume oder Treibgut. Die Lebensgemeinschaft der Auen ist durch die ständigen Veränderungen ihres Lebensraumes geprägt. Der periodische Wechsel von Überschwemmung und Trockenheit, von Erosion und Sedimentation, die starke mechanische Beanspruchung und der hohe Nährstoffaustausch erfordern spezielle Anpassungen der Pflanzen- und Tierarten. Die vielfältigen Lebensbedingungen in den Auen führen zur Bildung zahlreicher ökologischer Nischen, die einen außergewöhnlichen Artenreichtum bewirken.

Die mitteleuropäischen Auenwälder nehmen bei uns dieselbe Stellung ein wie die Regenwälder in den Tropen. Ebenso wie die tropischen Regenwälder sind auch unsere Auenwälder stark gefährdet und laufen Gefahr, völlig aus unserer Landschaft zu verschwinden. Die meisten ursprünglichen Auenwälder sind bis auf kleine Reste zusammengeschrumpft. Größere zusammenhängende Bereiche findet man nur noch an wenigen Stellen an der Donau oder am Rhein. Etwa 90 Prozent der früher vorhandenen Auenwälder Mitteleuropas sind heute schon verschwunden. Welche Gründe dafür verantwortlich sind, wird später noch ausführlich erläutert.

Naturbelassene Auengebiete können nicht als isolierte Lebensräume in unserer Landschaft angesehen werden. Meistens befinden sie sich in einem Biotopverbund mit verschiedenen anderen Arten von Feuchtgebieten. Dies können Niedermoore, Bruchwälder, Feuchtwiesen oder verlandete Altwasserarme sein.

Die Bodenverhältnisse

Die Böden der Auenbereiche werden auch als Alluvial- oder Schwemm-
landböden bezeichnet. Sie entstehen durch die Ablagerungen von Sedimenten im Einflußbereich von Flüssen und großen Bächen. Je langsamer
die Fließgeschwindigkeit des Gewässers ist, desto feinkörniger sind die
Ablagerungen. In den höher gelegenen Bereichen der Auen bremst dichte Vegetation die Fließgeschwindigkeit des Hochwassers. Hier haben die
feinen Schwebstoffe Zeit, sich abzulagern. Je höher man also in den
Auenbereich vordringt, desto feinkörniger sind die Sedimente. Außerdem findet man diese lehmig-tonigen Auenböden im Mündungsbereich
der Flüsse.

Durch den regelmäßigen Eintrag von neuen Schwebteilchen gelangen
immer wieder neue Nährstoffe in die Auenböden. Bei Überflutungen
werden teilweise auch wieder Sedimente abgetragen und mit dem Wasser wegtransportiert. Von diesen Schwebstoffen ernähren sich zahlreiche
Wasserbewohner. So bedeutet das periodische Überfluten der Auen ein
ständiges Nehmen und Geben von Nährstoffen zwischen Gewässer und
Auenbereich, wobei alle beteiligten Organismen auf ihre Kosten kommen.

Nach Art und Zusammensetzung der Sedimente und nach dem Ent-
wicklungsstand lassen sich verschiedene Typen von Auenböden unterscheiden:

Auenrohböden (*Rambia*)
bestehen aus grobkörnigen Sedimenten mit beginnender Ausbildung
einer dünnen Humusschicht. Die Vegetation ist spärlich. Sie kommen im
Einzugsbereich der Gebirge vor.

Auenranker (*Paternia*)
sind kalkarme, unverwitterte Grobsedimente, denen ein dünner Oberboden mit humushaltigen Verwitterungsprodukten aufgelagert ist.

Auenrendzina (*Borowina*)
entwickelt sich an etwas trockeneren Standorten aus lockeren Kalksedi-
menten. Diesen ist schon eine deutlich ausgebildete, grauschwarze Humusschicht aufgelagert.

Schwarzerdeartiger Auenboden (*Tschernitza*)
besitzt eine mächtige, grauschwarze Humusschicht, die kalkreichen Böden, die vom Grundwasser beeinflußt werden, aufgelagert ist.

Autochthoner brauner Auenboden (*Vega*)
ist ein tief verwitterter, der Braunerde vergleichbarer Boden. Autochthon bedeutet «bodenständig» und besagt, daß die bodenbildenden Erdschichten an Ort und Stelle entstanden sind. Dieser Boden entwickelt sich in Bereichen, die durch Eindeichung oder andere Maßnahmen nicht mehr regelmäßig überflutet werden. In noch intakten Auenbereichen findet man also diesen Bodentyp nicht vor.

Allochthoner brauner Auenboden (*allochthone Vega*)
ist in drei Horizonte unterteilt. Zwischen einem humosen Oberboden und der grundwasserbeeinflußten unteren Schicht befindet sich eine vorverwitterte Erdschicht, die an einem anderen Ort entstanden ist und sich hier wieder sedimentiert hat. Darauf bezieht sich der Begriff allochthon. Er bedeutet «nicht am Fundort beheimatet». Diese Auenböden sind einheitlich braun gefärbt.

Schaut man sich das Bodenprofil von Auenböden an, sieht man, daß die ersten und damit unteren Schichten vorwiegend aus Kies oder grobkörnigem Sand bestehen. Je weiter man nach oben vordringt, desto feinkörniger werden die Ablagerungen, bis als oberste Schicht der feine Auenlehm entsteht, der sich zu einer fruchtbaren Humusschicht mit einer reichhaltigen Bodenfauna entwickelt. In den meisten Bereichen läßt sich die regelmäßige horizontale Schichtung eindeutig feststellen. Nur in den Hartholzauen werden die obersten Erdschichten durch Regenwürmer und Pflanzenwurzeln derart umgeschichtet, daß der obere Horizont nicht mehr als solcher zu erkennen ist. Durch die üppige Vegetation bildet sich auf dem Auenboden regelmäßig eine dichte Laubstreu. Von den zahllosen bodenzersetzenden Mikroorganismen und den anderen Bodenlebewesen wie Schnecken, Regenwürmern, Tausendfüßer oder Asseln wird die Laubstreu innerhalb eines Jahres völlig abgebaut. Die höheren Bodenorganismen können sich besonders im oberen, weniger häufig überfluteten Auenbereich halten, da hier während der relativ kurzen Überschwemmungszeiten nie der gesamte Luftvorrat aus dem Boden verdrängt wird.

Die Zonierung der Auen

Versucht man, den Lebensraum entlang eines Fließgewässers in verschiedene Bereiche einzuteilen, hat man zwei Möglichkeiten der Zonierung. Man kann eine Einteilung in Längsrichtung, also von der Quelle bis zur Mündung, vornehmen oder man betrachtet das Querprofil des

Gewässers mit seinem Einzugsbereich und legt wie an einem Querschnitt die einzelnen Zonen fest.

Die Zonierung in Fließrichtung

Bei einem Fließgewässer, das im Gebirge entspringt, lassen sich in Längsrichtung fünf Abschnitte unterscheiden:

1. Quellauf
In diesem Bereich ist das Gewässer noch schmal, fließt rasch und gräbt sich sein Bett in den meist steinigen Untergrund. Die Ufervegetation besteht aus wenigen nässetoleranten Pflanzengesellschaften. Nur vor natürlichen Hindernissen, wo sich das Wasser etwas aufstaut und die Fließgeschwindigkeit herabgesetzt wird, bilden sich kleine Auen aus.

2. Oberlauf
Im Oberlauf weist der Fluß oft eine aus Sand und Kies bestehende Uferzone auf; auch in der Gewässermitte finden sich gelegentlich Kiesbänke. Der Uferbereich wird nur flach überschwemmt, und es bilden sich schmale Auen aus. Auf den Kiesbänken siedeln sich einige Sträucher an. Im Auenbereich wachsen höhere Weichhölzer; meist handelt es sich um Weidenarten oder Grauerlen.

3. Mittellauf
Im Mittellauf eines Flusses bilden sich die klassischen Auenwälder aus. Man unterscheidet die gewässernahe Weichholzaue von der Hartholzaue, die bis zur äußersten Hochwasserlinie reicht. Weichholzauen können bis zu 190 Tage im Jahr überflutet sein, Hartholzauen stehen bis zu 90 Tage jährlich unter Wasser.

4. Unterlauf
Im Unterlauf nimmt ein natürlich belassener Fluß häufig einen stark mäandrierenden Verlauf. Dadurch sinkt die Fließgeschwindigkeit, und die Sedimentablagerungen im Überschwemmungsbereich sind sehr feinkörnig. Auch in diesem Bereich findet man die Weich- und Hartholzauenwälder.

5. Mündungslauf
Die Vegetation im Mündungsbereich hängt davon ab, ob der Fluß in ein Gewässer mit großem Tidenhub oder in ein Gewässer mit gleichbleibendem Wasserstand mündet. Flüsse, die in die Nordsee fließen, wo der

Unterschied von Ebbe und Flut mehrere Meter Wasserstand beträgt, bilden im Mündungsgebiet nur bestimmte Röhrichtgesellschaften aus. Solche Mündungsbereiche nennt man Ästuare. Mündet der Fluß aber in ein Gewässer mit nahezu gleichbleibendem Wasserstand, bildet sich ein sogenanntes Delta aus. Hier findet man bewachsene Schlickzonen, Röhrichte und Weidenauen.

Die Betrachtung der fünf Zonen in Längsrichtung zeigt deutlich, in welchen Abschnitten man mit der Ausbildung von Auen und Auenwäldern rechnen kann. Da sich eigentlich nur im Mittel- und im Unterlauf eines Flusses das gesamte Spektrum der artenreichen, auentypischen Lebensgemeinschaften ausbilden kann, wird im folgenden das Querprofil dieser Bereiche näher untersucht.

Zonierung quer zur Fließrichtung

1. Flußbett
Dieser Bereich ist außer bei extremen Trockenperioden immer vollständig mit Wasser gefüllt, so daß sich hier keine Landpflanzen ansiedeln können. Unter den Wasserpflanzen findet man vorwiegend einfach gebaute Arten.

2. Amphibischer Uferbereich
In den kies- und sandbedeckten, sonnenbeschienenen Uferzonen, die manchmal nur für kurze Perioden trockenfallen, siedeln sich schnellwüchsige krautige Pflanzen an.

3. Flußröhricht
In dieser Zone findet man Gräser und grasartige Pflanzen wie z.B. Schilf und Rohrglanzgras, die an hohe Wasserstände und starke mechanische Beanspruchung angepaßt sind.

4. Weidengebüsch
Auf Kies- und Sandbänken sowie in freien Uferzonen bilden sich Weidengebüsche aus. Typische Arten sind die Mandelweide und die Purpurweide. Die Samen der Weiden sind nur wenige Tage keimfähig und brauchen zum Auskeimen viel Licht. Daher können sich Weiden nicht im dichten Röhricht ansiedeln und sich nur ausbreiten, wenn die Samen geeignete freie Flächen im Uferbereich vorfinden.

5. Weichholz-Auenwald
Auf einem etwas höheren Niveau, wo der Hochwassereinfluß schon

etwas geringer geworden ist, bilden sich Weichholz-Auenwälder. Charakteristische Gehölzarten im Flachland Mitteleuropas sind Silberweiden, Bruchweiden und Mandelweiden. In bergigen Gegenden und im Alpenvorland herrscht die Grauerle vor. Grauerlen benötigen zum Gedeihen die besonders in gebirgigen Lagen auftretenden, durch die relativ späte Schneeschmelze in den Hochgebirgen bedingten Sommerhochwässer. Die Weidenarten vertragen den hohen Wasserstand im Sommer weniger gut und kommen daher vor allem im Flachland vor. Da die Weichholz-Auenwälder keinen so dichten Bewuchs aufweisen, findet man in ihnen auch noch Bereiche, wo helligkeitsliebende Pflanzen wie Kräuter und Gräser vorkommen. Weichholzauen können bis zu 190 Tage im Jahr überflutet sein.

6. Hartholz-Auenwald
Dieser Bereich der Auen wird nicht mehr als 90 Tage im Jahr überflutet. Hier können sich Eichen-Ulmen-Auenwälder entwickeln. Der Wald wird von wertvollen Harthölzern wie Stieleichen, Ulmen und Eschen gebildet. Nur in Hartholzauen, die nicht länger als einige Tage überflutet werden, wachsen auch Buchen.

7. Randvermoorungen
In den Randgebieten der Auen, die noch unter dem Einfluß von Hochwässern stehen, liegt der Grundwasserpegel meistens sehr hoch. In diesen Zonen bilden sich typische Niedermoorvegetationen aus.

8. Nicht überflutete Zonen
Dort, wo die Lebensräume nicht mehr periodisch überschwemmt werden, findet sich eine völlig andere Vegetation, die im allgemeinen der für die Landschaft und geographischen Lage typischen Pflanzengesellschaft entspricht.

9. Schotterterrassen
Hierunter versteht man die Umgebung von großen Strömen, wo früher zwischen den Eiszeiten oder in der frühen Nacheiszeit Auen gewesen sind. Die heutigen Auen sind in diese Schotterterrassen eingebettet. Der Boden ist meist sehr kies- oder sandhaltig und trocknet rasch aus. Dementsprechend spärlich und karg fällt der Bewuchs aus. Eine typische Pflanzengesellschaft der Schotterterrassen ist der Schneeheide-Föhrenwald.

32

Die Pflanzen der Auen

Welche Pflanzengesellschaft sich in einem bestimmten Bereich der Auen ausbildet, hängt nicht nur von der jährlichen Überflutungsdauer, sondern auch von der Fließgeschwindigkeit des Gewässers, der Dicke der vorhandenen Humusschicht und der geographischen Lage ab.

In schnellfließenden Gebirgsflüssen schwankt der Wasserpegel selten mehr als zwei Meter. Außer in den Wintermonaten liegt die Wassertemperatur immer tiefer als die Lufttemperatur, und aufgrund der niedrigen Temperatur, die in diesen Bereichen herrscht, fällt die Vegetationsperiode kürzer als in tieferen Regionen aus.

Bei Hochwasser reißt die Strömung manchmal bis zu einem Drittel der abgelagerten Sand- und Steinmassen mit sich, so daß sich in Flußbettnähe Pflanzen kaum ansiedeln können. Nur auf den kleinen Kiesbänken und an geschützten Stellen, an denen sich Sedimente ablagern, wurzelt die eine oder andere Pflanze. Bei diesen Arten handelt es sich meistens um sogenannte Alpenschwemmlinge; das sind Pflanzen, deren Samen oder Teile aus höheren Regionen mit dem Wasser angeschwemmt wurden und die sich nun auf dem kalkhaltigen Rohauboden ansiedeln. Eine Art, die man auf den kiesigen Bachbetten antrifft, ist der mittlerweile sehr selten gewordene Alpen-Knorpellattich (*Chondrilla chondrilloides*). Er kommt bis zu einer Höhe von 1500 Metern vor. Der Knorpellattich wird von dem Kies-Weidenröschen (*Epilobium fleischeri*) begleitet. Diese Weidenröschen entwickeln sich entweder aus Samen oder vegetativ aus Teilen der Mutterpflanze. Die Samen von Weidenröschen-Arten tragen an der Spitze einen Haarschopf, der sich beim Aufspringen der Samenkapsel entfaltet. Dadurch erhalten die Samen einen sehr starken Auftrieb und werden schon beim kleinsten Windstoß fortgetragen. Daher verbreiten sich Weidenröschen schnell über große Areale und gehören zu den bedeutenden Pionierpflanzen. Die vegetative Vermehrung erfolgt über schwimmfähige Winterknospen oder über speziell ausgebildete Sprosse, die sich von der Mutterpflanze lösen und wieder austreiben. Vegetativ entstandene Pflanzen sind in der Regel kräftiger und höher als die aus Samen gekeimten Exemplare.

Weiterhin kommen vor: das Kriechende Gipskraut (*Gypsophila repens*) und der Trauben-Steinbrech (*Saxifraga paniculata*). Beide sind eigentlich Arten der Kalkfelsen. Da diese Pflanzen nur mehr oder weniger zufällig an diese Standorte gelangen, oft nur kurze Vegetationsperioden überstehen und den Boden nicht für die Besiedlung anderer Arten vorbereiten, haben sie keinen Einfluß auf die weitere Entwicklung der Auenvegetation.

Besonders an den ausgewaschenen Einbuchtungen der Flußufer in den Alpen und im Alpenvorland wächst der Rispelstrauch oder die Deutsche Tamariske (*Myricaria germanica*). Der bis zu zwei Meter hoch werdende Strauch mit den weißen bis rosa Blüten hat einen dichten Wuchs. Auf einem etwas höheren Niveau, das nicht mehr so häufig überspült wird, siedeln sich dann weitere Gebüsche an wie die Purpurweide (*Salix purpurea*), die Grauweide (*Salix eleagnos*) und der Sanddorn (*Hippophae rhamnoides*). Diese Straucharten verankern sich mit ihren langen, kräftigen Pfahlwurzeln und den zum Teil weit kriechenden Wurzelausläufern in den lockeren Kiesböden. Arten wie der Sanddorn werden sogar für Verfestigungen losen Erdreiches angepflanzt. Der Sanddorn lebt in Symbiose mit einem bestimmten Wurzelknöllchen-Strahlenpilz. Dieser Pilz ist in der Lage, Luftstickstoff zu binden und gibt ihn an die Wurzeln des Sanddorns ab. Dadurch ist dieser Busch nicht auf nährstoffreiche Humusschichten, in denen Bakterien den Stickstoff aufbereitet haben, angewiesen.

Verläßt das Gewässer die montanen Gebiete und wird die Strömung weniger reißend, gesellen sich andere, anspruchsvollere Weidenarten dazu, die schließlich die alpinen Formen gänzlich ablösen und überall im Tiefland anzutreffen sind. Zunächst finden sich die Mandelweide (*Salix triandra*) und die Korbweide (*Salix viminalis*) ein. In etwas höheren Regionen der Aue, wo sich schon feinkörnige Sedimente abgesetzt haben, beherrscht dann die häufigste und langlebigste Weidenart die Weichholzaue: die Silberweide (*Salix alba*). Wurzelt sie in Bereichen, in denen die mechanischen Beanspruchungen durch Überflutung gering sind, kann sie bis zu 20 Meter hoch werden. Arten der Weichholzauen müssen gelegentliche Trockenperioden vertragen können.

Die in Auen vorkommenden Weidenarten haben bestimmte Anpassungen an das Leben in und am Wasser ausgebildet. Die langen, schmalen Blätter bieten dem strömenden Wasser möglichst wenig Widerstand. Auf der Unterseite sind die Blätter mit feinen silbrigen Härchen besetzt. Sie schützen die Blätter vor der durch die Reflexion des Wassers verstärkten Sonneneinstrahlung. Der Stamm ist durch eine dicke, rissige Borke geschützt. Bei jungen Weiden sind die Triebe mit einer wachsartigen Schutzschicht überzogen. Die Zweige und Stämme sind besonders bei den Jungpflanzen sehr biegsam und elastisch, so daß ihnen bei Überflutung das schnell fließende Wasser keinen Schaden zufügt. Kommt es durch mechanische Einwirkungen doch einmal zu Verletzungen, entwickeln die Pflanzen eine erstaunliche Regenerationsfähigkeit. Bei einigen Arten bewirkt eine mechanische Beschädigung der Rinde sogar, daß die Pflanzen im Spätsommer noch einmal blühen und Samen entwickeln.

34

Eine weitere typische Eigenschaft der Weiden ist die häufige Bastardierung zwischen den Arten, was in vielen Fällen die genaue Bestimmung erschwert. Die Bastarde sind häufig kräftiger und widerstandsfähiger als die reinrassigen Arten. Mehrere günstige Eigenschaften verschiedener Arten können in einer Mischlingspflanze vereint sein. Besonders in den Auenbereichen kann die Kreuzung zwischen Weidenarten eine optimale Anpassung an diesen dynamischen Lebensraum fördern und damit die Konkurrenzfähigkeit erhöhen.

Weiden produzieren die auch in der Medizin verwendete Salicylsäure. Diese Substanz verhindert, daß Bakterien die Pflanzenteile angreifen und zersetzen und erschwert die Verdauung der Blätter. Auf diese Weise schützen sich die Weiden auch vor «Freßfeinden».

Alle diese Eigenschaften der Weiden tragen dazu bei, daß sie unter für Pflanzen an sich ungünstigen Bedingungen überleben und möglichst schnell neu geschaffene Lebensräume besiedeln können.

Heute findet man in vielen Weichholzauen mehrere zum Teil forstlich eingebrachte Pappelarten. Häufige, von Natur aus vorkommende Arten sind die Schwarzpappel (*Populus nigra*) und die Silberpappel (*Populus alba*). Wie die Weiden neigen auch Pappeln zur Bastardbildung.

Im Gegensatz zu den Weiden werden die Pappeln durch Hochwasser beeinträchtigt. Ist der Wurzelraum vollständig wasserdurchtränkt, verlieren sie an Standfestigkeit und werden bei Sturm leicht umgeworfen.

Der Silberweidenwald, mit der Silberweide als Hauptbaumart, ist an allen größeren Flüssen Mitteleuropas weit verbreitet. Nur in den alpinen Gegenden und im Alpenvorland, in den Auen der Gebirgsflüsse, herrscht eine andere Baumart vor: die Grauerle (*Alnus incana*), die etwas andere Lebensansprüche stellt als die Weidenarten. Die Grauerle kommt bis in Höhen von 1700 Metern vor. Sie wurzelt nur flach und läuft daher besonders im Sommer Gefahr, nicht ausreichend mit Wasser versorgt zu werden. Daher wächst sie in Gebirgsnähe, wo die Flüsse erst im Sommer durch die Schneeschmelze in den Bergen anschwellen. In Gebieten, wo die Hochwässer schon im Frühling oder unregelmäßig auftreten, können die anpassungsfähigeren Weiden eher überleben und verdrängen die Grauerlen. Die Erlen haben aber auch einen Vorteil gegenüber den Weiden. Sie leben wie der Sanddorn in Gemeinschaft mit einem stickstoffbindenden Strahlenpilz, der an den Wurzeln der Erlen bis zu apfelgroße Knollen ausbilden kann. Diese Symbiose ermöglicht den Erlen, auf stickstoffarmen Böden zu existieren. Der Strahlenpilz benötigt aber einen gut durchlüfteten Boden, so daß länger andauernde Überflutungen den Pilz und damit auch die Erlen schädigen.

Die Samen der Erlen sind wesentlich länger lebensfähig als Weidensamen. Da Erlensamen dann reifen, wenn die Gebirgsflüsse weniger Wasser führen, können sich Erlen in deren Auenbereichen eher ansiedeln als die Weiden, deren Samen schon im Juni zur Hochwasserzeit reif sind.

Verfolgt man daher einen Fluß vom Oberlauf im Gebirge bis zur Mündung, wird man einen allmählichen Wechsel von der Grauerlenaue bis zur Silberweidenaue feststellen.

Die Schwarzerle (*Alnus glutinosa*) hat tiefer reichende Wurzeln als die Grauerle und zeigt eine größere Toleranz gegenüber Sauerstoffmangel im Boden. Sie löst im nicht-montanen Bereich die Grauerle ab. Wegen ihrer bis ins Grundwasser reichenden Wurzeln fungiert sie häufig als Uferfestiger.

Dort, wo Weiden- und Erlenbestände die Ufer eines Flusses säumen, wird die Strömungsgeschwindigkeit bei Hochwasser herabgesetzt. Dadurch haben die Schwebstoffe im Wasser mehr Möglichkeit, sich abzulagern. Die Weichholzaue fördert also die Sedimentierung; die obere Bodenschicht, die graue Auenrendzina, ist meist noch sehr jung.

Häufig findet man in erlenreichen Weichholzauen schon einige Harthölzer, und zwar die Esche (*Fraxinus excelsior*) sowie gelegentlich die Feldulme (*Ulmus campestris*) und die Flatterulme (*Ulmus laevis*). Diese Gehölzgesellschaften stellen eine Art Übergang zu den Hartholz-Auenwäldern dar.

Bildet die Esche größere Bestände aus, ist das ein Zeichen dafür, daß das Gelände nur noch gelegentlich überschwemmt wird und es sich um eine echte Hartholzaue handelt. Das harte und gleichzeitig elastische Holz der Esche ist qualitativ sehr hochwertig.

Die Ulmen gehören zu den wenigen Bäumen, die vor der Belaubung nicht nur blühen, sondern sogar ihre Früchte hervorbringen. Der Same wird von breiten membranartigen Flügeln umschlossen und vom Wind fortgetragen. Das Holz der Ulme, auch als Rüster bekannt, ist so elastisch wie das Eschenholz und so beständig wie Eiche. Obwohl es großporiger ist, wird es zur Herstellung von Möbeln verwendet. Die mächtigen Bäume können mehrere 100 Jahre alt werden. Leider sieht man bei uns nur noch selten größere Ulmenbestände. Dazu haben verschiedene Pilzkrankheiten beigetragen, die vor allem vom Ulmensplintkäfer übertragen werden. Er lebt unter der Rinde der Bäume; seine Fraßgänge sind im Holz zu erkennen. Sein Befall führt häufig zum Absterben der Bäume.

Die Traubenkirsche (*Padus avium*), ist eine weitere typische Pflanze der Auenwälder, die als Baum oder Strauch eine Höhe von zwölf Metern erreichen kann. Allerdings bleibt ihr Wuchs im Auenwald wesentlich kleiner, da sie durch den Befall einer bestimmten Gespinstmottenart in ihrer Entwicklung gestört wird. Näheres dazu wird im Kapitel über die Tiere des Auenwaldes erläutert. Das Pfaffenhütchen (*Euonymus europaeus*), das als Zierstrauch Einzug in viele Gärten gehalten hat, wächst ursprünglich auch in Auen. Auffallend sind die vierkantigen, leuchtend roten Früchte, die an die Kopfbedeckung eines Geistlichen erinnern und denen die Pflanze ihren Namen verdankt. Die kleinen weißen Samen sind giftig.

Der Gewöhnliche Schneeball (*Viburnum opulus*) ist ein häufig vorkommender Strauch der Auenwälder. Die Blüten sind in sogenannten Trugdolden angeordnet. Die äußeren großen Blüten sind steril, lassen aber den Blütenstand auffallender erscheinen. In der Mitte befinden sich die kleinen, unscheinbaren fertilen Blüten. Die kugeligen roten Beeren bleiben bis in den Winter am Strauch hängen und werden gerne von Vögeln gefressen.

In den gebirgsfernen Bereichen der Fließgewässer, wo Überschwemmungen nur im Frühjahr auftreten und der Boden während des Sommers relativ trocken ist, beherrschen die Stieleichen (*Quercus robur*) das Bild der Hartholzauen. Diese Bäume sind zwar keine ausgesprochen typischen Auenwaldarten, bevorzugen aber feuchte Böden. Der Baum besitzt eine ausladende, weit verzweigte Krone. Die braune Borke ist besonders bei älteren Exemplaren von tiefen Rissen durchfurcht.

Hartholz-Auenwälder stehen auf tiefgründigen, meist lehmigen Böden. Diese braungefärbten Auenböden gehören zum Typ der allochthonen Vega, d.h., das Erdmaterial ist an anderer Stelle verwittert und wurde durch das Gewässer hierher transportiert, wo es dann sedimentierte.

Dort, wo Überschwemmungen selten sind, können sich sogar Rotbuchen (*Fagus sylvatica*) in Auenwäldern ansiedeln. Sie überstehen keine Sommerhochwässer, die länger als eine Woche anhalten wegen des dann herrschenden Luftmangels im Wurzelbereich. Überflutungen im Winter vertragen sie dagegen relativ gut.

Zuletzt seien noch die als Paradoxon erscheinenden Trocken-Auenwälder erwähnt. Auf den wasserdurchlässigen, kalkhaltigen Böden der Schotterterrassen können sich Nadelwälder ausbilden. Sie gründen auf den ehemaligen Auenböden und werden heute nur höchst selten und dann nur für wenige Tage überflutet. Die charakteristische Baumart ist die Föhre oder Waldkiefer (*Pinus sylvestris*). Der Grundwasserspiegel liegt normalerweise tiefer als 1,5 Meter unter der Oberfläche, was zur Ausbildung von trockenheitstoleranten, zum Teil kümmerlichen Pflanzengesellschaften führt.

Bis hierher wurden bei der Darstellung der typischen Auenvegetation fast ausschließlich die Gehölze berücksichtigt, da die verschiedenen

Auentypen nach ihnen benannt sind. In den ufernahen Bereichen und besonders in den Auenwäldern findet sich jedoch auch eine vielfältige Krautflora. Da diese Pflanzen nicht immer einem bestimmten Bereich der Aue zugeordnet werden können, werden sie hier zusammenfassend betrachtet. Bei diesen Arten handelt es sich um krautige Pflanzen der Auenwälder, die auch in feuchten Laubmischwäldern oder anderen Biotopen vorkommen können. Die meisten von ihnen sind feuchtigkeits- und stickstoffliebend und sind teilweise Anzeiger für nährstoffreiche Böden.

Eine Pionierpflanze auf Kiesbänken, aber auch in Uferzonen und an Auenwaldrändern anzutreffen, ist die Pestwurz (Gattung *Petasites*), von der in Deutschland drei Arten vorkommen. Diese Pflanze zeichnet sich durch die ungewöhnlich groß werdenden Blätter aus, die einen Durchmesser von 60 bis 70 Zentimetern, gelegentlich sogar bis zu einem Meter, erreichen können. Sie wird als Schwemmlandfestiger bezeichnet. Zu Beginn des Frühlings, wenn sich die Blätter noch nicht entwickelt haben, erscheint der auffällige Blütenstand. Zahlreiche Blütenköpfe sind in einer gestielten, dichten, 10 bis 40 Zentimeter hohen Traube angeordnet.

Der Gemeine Wasserdost (*Eupatorium cannabinum*), auch Kunigundenkraut genannt, beansprucht ähnliche Lebensräume wie die Pestwurz. Beide Pflanzen gehören zu den Köpfchenblütlern, d.h., die winzigen Einzelblüten sind zu kleinen Köpfen und diese wiederum zu größeren Blütenständen zusammengeschlossen. Dadurch fallen die Blüten, die auf die Bestäubung durch Insekten angewiesen sind, stärker auf. Die Blätter des Wasserdosts erinnern in der Form an die des Hanfes. Daher wird diese Pflanze auch Wasserhanf genannt. Die leichten, mit feinen Härchen versehenen Samen werden durch den Wind verbreitet und gewährleisten eine rasche, weitreichende Besiedlung neuer Standorte.

Eine typische Grasart der Uferbereiche ist das Rohrglanzgras (*Typhoides arundinacea*). Das Rohrglanzgras bildet oft reine Bestände, in denen keine andere Pflanzenart wächst. Es widersteht rascher Strömung, und auch stark wechselnde Wasserstände machen ihm nichts aus. Rohrglanzgras wird zur Ufersicherung von Fließgewässern angepflanzt.

In etwas seltener überfluteten Zonen bilden sich auch große Flächen mit Schilf (*Phragmites australis*). Das bis zu 3,5 Metern hoch werdende Schilf bildet dichte Röhrichte und nimmt dadurch nahezu jeder anderen Pflanze die Möglichkeit, neben ihm auszutreiben.

In den lichten Weichholzauen finden sich auch zahlreiche Großseggenarten. Als typische Auenwaldart sei hier nur die Winkelsegge (*Carex remota*) genannt. Die Seggen kommen in den häufig überfluteten Gegenden vor.

Dringt man weiter in die stärker beschatteten Bereiche des Auenwaldes vor, trifft man auf viele zu den Liliengewächsen gehörenden Pflanzen.

Der Bärlauch (*Allium ursinum*) ist ein naher Verwandter des Knoblauchs. Er bildet meist sehr große Bestände, so daß seine weißen Blüten im Mai große Teppiche im Wald bilden. Nähert man sich solchen Massenansammlungen des Bärlauchs, steigt einem sofort der charakteristische Knoblauchgeruch in die Nase. Der Bärlauch ist eine Zeigerpflanze für feuchte, nährstoffreiche Böden und ist auch an anderen Standorten, wie z.B. in Laubwäldern, verbreitet.

Von März bis Mai blüht der Waldgelbstern (*Gagea lutea*). Er kommt vereinzelt bis in Höhen von 1700 Metern vor. Die Blütenblätter der kleinen Pflanze sind innen gelb, außen aber grünlich gefärbt und können daher wie die Laubblätter die Photosynthese durchführen. Bei Regen, Kälte oder mechanischen Reizen schließen sich die Blüten und werden dadurch völlig unscheinbar. Die Befruchtung erfolgt durch Insekten oder durch Selbstbestäubung. Kommt es nicht zur Samenbildung, können sich die Pflanzen auch vegetativ vermehren.

Eine weniger häufig bei uns vorkommende Art ist der Zweiblättrige Blaustern (*Scilla bifolia*). Die zarten, himmelblauen Blüten erscheinen in den Monaten März und April. Wie der Name besagt, besitzt jede Pflanze nur zwei Laubblätter, zwischen denen der Blütenstiel emporwächst. Der Same besitzt ein Anhängsel, das gerne von Ameisen gefressen wird. Dazu tragen diese die Samen an einen anderen Ort und fördern auf diese Weise die Verbreitung des Zweiblättrigen Blausterns. Andere Arten aus dieser Pflanzengattung sind beliebte Gartenpflanzen, die gelegentlich auch verwildern.

Der erste Frühlingsbote ist das Schneeglöckchen (*Galanthus nivalis*), das manchmal schon aus dem noch schneebedeckten Boden seine weißen Blüten reckt. Wie beim Blaustern erfolgt die Verbreitung der Samen mit Hilfe von Ameisen. Während der Sommermonate, wenn nur wenig Licht auf den Boden des Auenwaldes fällt, sterben die Blätter des Schneeglöckchens ab. Die Pflanze macht dann eine Ruheperiode bis zum nächsten Frühjahr durch.

Eng verwandt mit dem Schneeglöckchen ist der Märzenbecher oder die Frühlingsknotenblume (*Leucojum vernum*). Die Pflanze mit den glockenförmigen, weißen Blüten ist giftig. Auch sie gehört zu den beliebten Gartenblumen.

Wie die Liliengewächse zählt der Gefleckte Aronstab (*Arum macula-*

tum) zu den Einkeimblättrigen Pflanzen. Er bevorzugt kühle, schattige Standorte. Die meist hell gefleckten Blätter sind pfeilförmig. Besonders eigentümlich ausgebildet ist der Blütenstand des Aronstabes, der von April bis Juni zu sehen ist: Ein hellgrünes Hochblatt, die sogenannte *Spatha*, umschließt den unteren Teil eines Blütenkolbens. Nach oben öffnet sich das Hochblatt und die kolbig verdickte, rotviolett gefärbte Spitze des Blütenstandes kommt zum Vorschein. Der Blütenstand ist nach dem sogenannten Gleitfallenprinzip gebaut. An der Basis sitzen die weiblichen Blüten, darüber mit etwas Abstand die männlichen. Durch haarförmige, sterile Blüten ist der Ausgang des vom Hochblatt gebildeten Kessels reusenartig verschlossen. Vom Blütenkolben strömt ein aasähnlicher Geruch aus, der Insekten anlockt. Bei einem Landeversuch rutschen die Tiere in das Innere des Kessels und können sich daraus erst befreien, wenn durch Pollen, den sie schon von anderen Pflanzen mitgebracht haben, eine Bestäubung erfolgt ist. Dann nämlich welken die Reusenhaare, und das Insekt kann den Kessel wieder verlassen. Dabei nehmen sie unfreiwillig die Pollen von den jetzt erst gereiften männlichen Blüten mit, die sie bei einer anderen Pflanze wieder abladen. Die Blätter des Aronstabes sterben im Sommer ab, so daß die leuchtend roten, giftigen Fruchtstände im Herbst besonders auffallen.

Eine für Auen charakteristische Pflanzengruppe sind die Lianen oder Schlingpflanzen. Als Lianen im engeren Sinne bezeichnet man Pflanzen, die mit kreisenden Wachstumsbewegungen der Sproßachse geeignete Stützen wie z.B. andere Bäume umwinden. Das Vorkommen von Lianen in unseren Auenwäldern verdeutlicht uns die enge Beziehung zu den tropischen Regenwäldern, die man ja spontan eher als Heimat der Lianen bezeichnen würde. Eine der einheimischen Lianen ist der zu den Hanfgewächsen gehörende Hopfen (*Humulus lupulus*). Der Hopfen ist eine sehr alte Kulturpflanze, dessen ursprüngliches Verbreitungsgebiet nicht mehr genau festgestellt werden kann. Schon seit etwa 1000 Jahren werden die Fruchtzapfen der weiblichen Pflanzen zur Geschmacksverbesserung bei der Bierherstellung verwendet. Hopfen erhöht außerdem die Haltbarkeit des Bieres und wirkt auch schmerzstillend, beruhigend und einschläfernd. Mit Hilfe von speziellen Klimmhaaren an den Stengeln winden sich die Hopfenpflanzen rechtsdrehend an jungen Bäumen empor. Auf diese Weise gelangen sie in hellere, lichtreichere Regionen. Die Triebe können bis zu sechs Metern lang werden. Eine weitere, bei uns sehr seltene und nur in milden Klimaten vorkommende Liane ist die Wilde Rebe (*Vitis sylvestris*), die als Wildform der Echten Weinrebe angesehen wird. Die Pflanzen können eine Länge von 30 Metern erreichen. Im Herbst fällt das leuchtend rote Laub auf. Die kleinen Beeren werden von Vögeln gefressen, welche die Samen wieder ausscheiden und so die Verbreitung der Wilden Rebe gewährleisten.

Der Efeu (*Hedera helix*) klettert mit Hilfe von Luftwurzeln, die zu Haftorganen umgebildet sind. Der sechs bis 20 Meter Höhe erreichende Kletterstrauch wächst nicht nur in Auenwäldern, sondern auch in vielen anderen Laubwäldern. Jugend- und Alttriebe bilden unterschiedlich geformte Blätter aus. Im Herbst erscheinen die Blüten, die sich im folgenden Frühjahr zu schwarzen Beeren entwickeln.

Die Gewöhnliche Waldrebe (*Clematis vitalba*) treffen wir in Auenwäldern häufig an. Sie rankt mit ihrem verholzten Stengel und kann drei bis acht Meter hoch werden. Aus den im Frühsommer erscheinenden weißen Blüten entwickeln sich Sammelfrüchte, deren einzelne Samen mit einem federartigen Büschel aus dünnen, biegsamen Haaren besetzt sind. Der Pflanzensaft der Waldrebe ist giftig und wirkt stark hautreizend. Früher fügten sich die Bettler damit auf den Unterarmen Wunden zu, um Mitleid zu erregen. Daher wird die Pflanze heute noch in Frankreich «Bettlerkraut» genannt.

Eine ebenfalls rankende, aber nicht zu den Lianen zählende Art der Auenwälder ist die Bereifte Brombeere oder Kratzbeere (*Rubus caesius*). Sie ist die einzige Brombeerenart, die regelmäßige und länger anhaltende Überschwemmungen aushält. Ihre Wurzeln können bis zu zwei Meter tief in den Boden eindringen und erschließen auf diese Weise auch schwere Schlickböden. Erkennen kann man die Kratzbeere an den bereiften, jungen Ranken und an den bläulich bereiften Beeren, die von vielen Vögeln und Wildtieren gefressen werden.

Zusammen mit der Kratzbeere bildet die Große Brennessel (*Urtica dioica*) oft undurchdringliche Dickichte. Die Brennessel ist ursprünglich eine typische Pflanze der nährstoffreichen Auenböden. Erst sekundär hat sie sich als Kulturfolger auf allen stickstoffreichen Standorten angesiedelt.

Eine häufige Art der Auenwälder ist der zu den Doldengewächsen zählende Giersch oder Geißfuß (*Aegopodium podagraria*). Die Pflanze lebt gesellig auch in anderen feuchten Gebieten und ist ein ausgesprochener Nährstoffanzeiger. Vielen Gartenbesitzern ist der Giersch als ein hartnäckiges Unkraut bekannt, dessen Ausrottung schier unmöglich ist. Von seinen tief wurzelnden Ausläufern bleiben nämlich immer kleine Stücke im Boden zurück, die jeweils zu einer neuen Pflanze regenerieren können. Im Winter verrotten die Blätter zu feinem Humus.

Auch die Waldengelwurz (*Angelica sylvestris*) ist ein Doldengewächs der Auen und Uferzonen, aber auch anderer feuchter Standorte. Sie zeichnet sich durch einen dickfleischigen, hohlen Stengel, große bauchig aufgeblasene Blattscheiden und eine dichte, kugelige, weiße Blütendolde aus.

Eine der wenigen echten Schmarotzer unter den höheren Pflanzen ist die Rotbraune Schuppenwurz (*Lathraea squamaria*), die auch in Hartholzauen vorkommt. Diese chlorophyllose Pflanze besitzt einen weit verzweigten, dick mit fleischigen Schuppen besetzten Wurzelstock, der bis zu einem Quadratmeter Fläche einnehmen kann. Im Alter von etwa zehn Jahren erscheinen im April/Mai erstmals die rosafarbenen, in einer Traube angeordneten Blüten. Die Blüten wachsen einseitig an einem dickfleischigen, rötlich-weißen, mit schuppenförmigen Blättern besetzten Stiel. Die zur Entwicklung benötigten Nährstoffe bezieht die Pflanze besonders im Frühjahr von Bäumen und Sträuchern, indem ihr Wurzelgeflecht die Wurzeln der Wirtspflanzen umwächst. Mit Hilfe von speziell ausgebildeten Saugwurzeln und Saugorganen, sogenannten Haustorien, zapft die Schuppenwurz ihre Wirtspflanzen regelrecht an. Als Wirtspflanzen dienen besonders die Erle, Ulme, Haselnuß und Pappel.

In Auen- und feuchten Laubwäldern beheimatet ist das Echte Springkraut oder Rühr-mich-nicht-an (*Impatiens noli-tangere*). Diese krautige Pflanze wird bis zu 80 Zentimeter hoch. Die hängenden, goldgelben, mit einem Sporn versehenen Blüten erscheinen im Hochsommer. Sie werden vorwiegend von Hummeln bestäubt. Die kleinen schwarzen Samen reifen in länglichen Kapseln heran. Zur Verbreitung der Samen hat die Pflanze einen besonderen Mechanismus entwickelt. Sobald die Samen reif sind, platzen die Kapseln bei der kleinsten Berührung auseinander und schleudern die Früchte heraus. Durch diesen Explosionsmechanismus können die Samen bis zu zwei Meter weit weggeschleudert werden. Das Springkraut ist auf feuchte Standorte angewiesen, da der Stengel kaum Stützgewebe enthält und nur durch den Druck des Pflanzensaftes aufrecht gehalten wird.

Öfter trifft man auch das Drüsige Springkraut (*Impatiens glandulifera*) an. Diese ursprünglich aus Indien stammende Art war mit ihren großen, auffällig roten Blüten eine beliebte Gartenpflanze, ist aber heute häufig verwildert.

Auch in der Familie der Hahnenfußgewächse, die ja fast in jedem Lebensraum vertreten ist, gibt es einen typischen Auenwaldbewohner. Das Scharbockskraut oder die Feigwurz (*Ranunculus ficaria*) siedelt sich besonders gerne in Mulden an, in denen nach Überschwemmungen das Wasser länger stehen bleibt. Von März bis Mai entfaltet es seine gelben sternförmigen Blüten. Sowohl die herzförmigen, mitunter dunkel gefleckten Laubblätter als auch die Blütenblätter sind stark glänzend. Die

Stengel liegen dem Boden meist auf. Die Pflanze breitet sich über Ausläufer und Brutknospen aus. Ihre deutschen Namen rühren von zweierlei Eigenschaften her: Als Feigwurz wird sie bezeichnet, weil ihre Wurzeln knollige, wie kleine Feigen aussehende Verdickungen ausbilden. Der Name Scharbockskraut bezieht sich auf die Nutzung als Nahrungsmittel. Scharbock bedeutete früher «Skorbut». Nach dem Winter galten die recht früh erscheinenden Blätter dieser Pflanze als wichtige Vitaminquelle, die u.a. den durch Vitamin-C-Mangel bedingten Skorbut heilen konnte.

Eine andere aus der Naturheilkunde bekannte Pflanze ist der Echte Baldrian (*Valeriana officinalis*). Er kommt auf Feuchtwiesen, aber auch in Auenwäldern vor. Wegen seines morphologischen Formenreichtums lassen sich zahlreiche eigenständige Arten unterscheiden. Das als Beruhigungsmittel bekannte Baldrianöl wird aus dem Wurzelstock gewonnen. Der genaue Wirkungsmechanismus ist noch nicht genau geklärt.

Zu den Borretschgewächsen gehört das Lungenkraut (*Pulmonaria officinalis*), das man früher zur Behandlung von Lungenkrankheiten verwendet hat. Die Blüten des Lungenkrauts sind anfangs rosa und werden später blau, so daß man an einem Blütenstand verschiedenfarbige Blüten vorfindet. Blätter und Stengel dieser Pflanze sind behaart.

Eng verwandt mit dem Lungenkraut ist der Gemeine Beinwell (*Symphytum officinale*). Die Blüten können rotviolett bis gelblich-weiß gefärbt sein. Die Blätter sind schmal lanzettförmig.

Eine Art, die nur in Süddeutschland, im Alpenvorland und im Gebirge vorkommt, ist der Knotenbeinwell (*Symphytum tuberosum*), der sich durch eine knollig verdickte Wurzel auszeichnet. Die Blüten sind gelb.

Alle drei genannten Borretschgewächsarten sind nicht nur typisch für Auenwälder, sondern auch für andere feuchte bzw. nasse Standorte.

In diesem Kapitel wurden einige Pflanzenarten vorgestellt, die man als charakteristische Auenpflanzen bezeichnen kann. Tatsächlich deckt diese Auswahl aber nur einen kleinen Teil der in den Auen vorkommenden Vegetation ab. Viele Arten findet man je nach Lichtbedarf auch an feuchten Stellen in Laubwäldern oder auf Feuchtwiesen vor. Am ehesten erhält man einen Eindruck von der Artenvielfalt, wenn man im Frühjahr und im Sommer einen Streifzug durch einen Auenwald unternimmt.

Eine Aue bietet sehr viele unterschiedliche Lebensbedingungen. Je weiter man sich vom Flußbett entfernt, desto seltener wird der Boden überschwemmt, und es ändert sich die Körnigkeit und der Nährstoffgehalt des Substrates. Man findet helle sonnenbeschienene Standorte in Ufernähe und schattige kühle Zonen in der Hartholzaue. Sehr viele verschiedene Pflanzenarten mit unterschiedlichen Lebensraumansprüchen können also geeignete Standortbedingungen in einer Aue finden.

Mit der großen Pflanzenvielfalt verbunden ist auch die Ausbildung einer artenreichen Fauna.

Die Tiere der Auen

Wie bei der Vegetation zeichnet sich der Lebensraum der Aue auch bei der Tierwelt durch einen immensen Artenreichtum aus. Dies zeigt sich schon in der Welt der Kleinstlebewesen. Unzählige Arten von Mikroorganismen und Einzellern leben im nährstoffreichen Auenboden. Dort zersetzen sie organisches Material und bereiten es so auf, daß es von den Pflanzen aufgenommen werden kann und wieder in den Nährstoffkreislauf einfließt.

An der Zersetzung organischer Stoffe und damit an der Humusbildung wesentlich beteiligt sind viele im Boden lebende Kleintiere wie Regenwürmer, Enchytraeiden (mit den Regenwürmern verwandte Ringelwürmer), Schnecken, Asseln, Tausendfüßer und Fliegenlarven. Diese Tiere ernähren sich von abgestorbenem Pflanzenmaterial. Das Material wird von ihnen zerkleinert und im Verdauungstrakt schon teilweise aufgeschlossen. Der von den kleinen Bodenlebewesen ausgeschiedene Kot enthält noch sehr viele Nährstoffe und wird von den Mikroorganismen weiter zu Humus abgebaut. Die Individuendichte der Bodentiere ist so hoch, daß ein Drittel der gesamten in einem Jahr anfallenden Laubstreu allein von Tausendfüßern und Asseln verarbeitet werden kann.

An den trockeneren und warmen Stellen des Auenbodens leben räuberische Spinnen wie Wolf- oder Jagdspinnen, die sich von kleinen Insekten und anderen Bodentieren ernähren. Die netzbauenden Spinnenarten sind in der Krautschicht zu finden, wo sie ihr Netz für den Beutefang errichten.

Da die Insektenwelt der Auen äußerst vielfältig ist, kann hier nur ein kleiner Teil Erwähnung finden.

Besonders zahlreich sind Libellen und Schmetterlinge. Libellen finden im Bereich der Auen Gewässer, die sie für ihre Entwicklung benötigen und in denen die Libellenlarven ausreichend Nahrung finden. Häufige Arten sind die Große (*Sympetrum striolatum*) und die Frühe (*Sympetrum fonscolombei*) Heidelibelle, der Große Blaupfeil (*Orthetrum cancellatum*), die Glänzende Smaragdlibelle (*Somatochlora metallica*), die Plattbauch- und die Vierflecklibelle (*Libellula depressa* und *Libellula quadrimaculata*), die Hufeisen-Azurjungfer (*Coenagrion puella*) und die Kleine Pechlibelle (*Ischnura pumilio*).

Die Schmetterlinge profitieren von der pflanzlichen Artenvielfalt der Auen. Vom Frühjahr bis in den Herbst hinein blühen die verschiedensten

Pflanzen. Da Schmetterlinge und deren Larven in ihrer Ernährung meistens streng auf eine oder mehrere Pflanzenarten spezialisiert sind, ist ihre Vielfalt um so größer, je mannigfacher die Vegetation ist. Von den sehr hübsch gezeichneten Flecken- oder Edelfaltern trifft man Arten an wie den Trauermantel (*Nymphalis antiopa*), den Kleinen Schillerfalter (*Apatura ilia*), den Großen Eisvogel (*Limenitis populi*) und den C-Falter (*Polygonia c-album*). Der Trauermantel überwintert als Schmetterling. Im Frühsommer leben die Raupen in Gruppen auf Birken, Weiden und Zitterpappeln, deren Zweige sie völlig kahl fressen können. Der Kleine Schillerfalter bildet zwei Generationen im Jahr. Die Raupen überwintern und ernähren sich von Pappeln und Weiden. Einer unserer prächtigsten Schmetterlinge ist der Große Eisvogel. Auch seine Raupen überwintern und fressen an Pappeln. Der C-Falter kommt noch relativ häufig vor. Die überwinternden Tiere legen im Frühjahr Eier, aus denen sich zwei unterschiedlich aussehende Gruppen entwickeln. Die typisch aussehenden Tiere vermehren sich in demselben Jahr nicht und überwintern. Die andere Gruppe bringt eine weitere, zweite Generation hervor, die wieder das charakteristische Aussehen hat und auch den Winter übersteht. Die Raupen des C-Falters leben unter anderem auf Brennesseln und Hopfen.

Auch verschiedene Schwärmerarten (*Sphingidae*), deren Raupen meist nur an eine bestimmte Wirtspflanze angepaßt sind, findet man in den Auen.

Ebenso spezialisiert sind auch die Gespinstmotten (*Yponomeutidae*). Gespinstmotten sind sehr kleine Falter, deren Flügelspannweite 25 Millimeter nicht überschreitet. Die Hinterflügel sind meist einfarbig grau oder braun. Die schmaleren Vorderflügel sind heller und mit vielen schwarzen Punkten gezeichnet. Die Falter sind nachtaktiv; ihre Raupen leben gesellig auf Bäumen und Sträuchern, die sie dicht mit Fasern umspinnen. Eine Gespinstmottenart hat sich in den Auenwäldern auf die Traubenkirsche als Wirtspflanze spezialisiert. Die Traubenkirsche ist normalerweise ein Baum, der wesentlich größer wird als die Erle, mit der sie in den Auen vergesellschaftet ist. Im Mai, wenn die Raupen der Gespinstmotten geschlüpft sind, spinnen diese den ganzen Baum ein und fressen ihn völlig kahl. Das Gespinst schützt vor Nässe, aber auch vor Eindringlingen und Parasiten. Finden die Raupen nicht mehr genug Nahrung, weichen sie auf benachbarte Bäume aus. Haben sie ihre endgültige Größe erreicht, verpuppen sie sich in einem selbstgesponnenen Kokon. Zu diesem Zeitpunkt, etwa Ende Juni, sprießen unter den Gespinsten der Raupen neue Triebe der Traubenkirsche hervor. Die neuen Blätter werden zwar nur etwa zwei Drittel so groß wie die vorigen Blätter, dafür werden sie aber nicht mehr von irgendwelchen Schadorganismen befallen. Die Traubenkirsche wird von dem Raupenbefall nicht nachhaltig geschädigt, sie bleibt nur etwas im Wachstum zurück. Daher kann sie neben der gewöhnlich kleiner bleibenden Erle existieren, ohne diese aus ihrem Lebensraum zu verdrängen. Dies ist nur ein Beispiel für die Komplexität von ökologischen Zusammenhängen: auf den ersten Blick schädlich erscheinende Phänomene führen letztendlich zu einem Vorteil für das gesamte Ökosystem.

Flugunfähige Käfer wie Laufkäfer oder Kurzflügler bewohnen den Auenboden. Sie ernähren sich räuberisch von kleinen Schnecken oder Würmern und deren Eiern sowie von Insektenlarven. Pflanzenfressende Arten wie z.B. die Blattkäfer leben auf ihren Wirtspflanzen. Viele Arten sind auf Weiden, Erlen oder Pappeln spezialisiert. Den Befall von Blattkäfern und deren Larven erkennt man an dem typischen Fraßbild, das sie hinterlassen. Sie fressen die Blätter bis auf die Rippen ab, und oft bleibt nur die kräftige Mittelrippe stehen. Dieses Schadbild nennt man Skelettfraß. Weil nie zwei Jahre hintereinander ein gleich starker Schädlingsbefall auftritt, tragen die Pflanzen nur selten größere Schäden davon. Zusammenfassend läßt sich sagen, daß in den Auenwäldern alle für Laubwälder charakteristischen Insektenarten und zusätzlich noch auf Gewässer angewiesene Arten zu finden sind.

Ideale Lebensbedingungen bieten die Auen den Amphibien. Da ihre drüsige Haut keinen Verdunstungsschutz besitzt, bevorzugen sie feuchte, schattige Lebensräume. Außerdem sind alle Amphibien für die Eiablage und während ihrer Larvalentwicklung auf Gewässer angewiesen. In geschützten, ufernahen Bereichen der Auen laichen daher viele Lurche ab. Der Individuenreichtum an Insekten bietet ihnen immer genügend Nahrung.

Es gibt nur eine relativ kleine Zahl verschiedener einheimischer Amphibienarten, und unter ihnen kaum eine, die ganz speziell an einen bestimmten Lebensraum gebunden ist. Daher gibt es auch keine Amphibien, die ausschließlich in Auen leben. Im folgenden werden einige Arten vorgestellt, die in Auen häufig anzutreffen sind.

Eine Art, die den Sommer fast ausschließlich im Wasser und den Winter in sicheren Verstecken an Land verbringt, ist die Gelbbauchunke (*Bombina variegata*). Unken oder auch Feuerkröten gehören zur Gruppe der Scheibenzüngler (*Discoglossidae*), einer recht primitiven Amphibiengruppe. Eines der typischen Merkmale ist die scheibenförmige Zunge, die am Mundboden angewachsen ist und nicht, wie bei den höher entwickelten Lurchen, herausgeklappt werden kann.

Die Gelbbauchunke wird etwa fünf Zentimeter lang und siedelt sich besonders gerne in bergigen Gegenden an. Auf der Oberseite sind die

Tiere einfarbig olivgrün bis graubraun gefärbt. Die Unterseite ist blaugrau oder schwärzlich und mit auffallenden gelben Flecken und manchmal auch weißen Punkten besetzt. Bei Gefahr stellen die Tiere diese auffällige Warnfärbung zur Schau. Außerdem sondern sie eine giftige Flüssigkeit über die Haut ab, die Angreifer abhalten soll, aber auch für Artgenossen gefährlich werden kann. Der Ruf der Unken ist leise, da sie keine Schallblasen besitzen. Er dient der Revierabgrenzung, sorgt also dafür, daß sich zwei Männchen nicht zu nahe kommen. Bis in den August hinein kann man Paarungen bei der Gelbbauchunke beobachten. Lebt sie in einem Gebiet, das im Sommer austrocknet, zieht sie sich in den Schlammgrund zurück und verbringt dort eine Sommerruhe.

Die weit verbreitete Erdkröte (*Bufo bufo*) ist auch in den Auenwäldern häufig. Der mit zahlreichen Warzen bedeckte Körper ist unscheinbar grau oder braun gefärbt. Die Männchen werden etwa acht Zentimeter lang, die Weibchen mit bis zu 13 Zentimetern wesentlich größer. Zum Ablaichen suchen die Kröten jedes Jahr ihre Laichgewässer auf, in denen sie selber aus dem Ei geschlüpft sind. Hierzu unternehmen sie oft ausgedehnte Wanderungen, die mehrere Kilometer lang sein können. Die Paarung findet meist schon unterwegs statt. Die Männchen klettern auf die Weibchen, umklammern diese mit den Vorderbeinen und bleiben bis zum Ablaichen in dieser Position. Da die Männchen alles, was in etwa die Größe eines Weibchens besitzt und sich entsprechend bewegt, umklammern, kommt es häufig zu Fehlpaarungen mit Grasfröschen oder sogar mit Karpfen. Erdkröten gehen nachts auf Beutefang. Sie ernähren sich von Würmern, Schnecken und Insekten und deren Larven. Die kalte Jahreszeit verbringen sie eingegraben im Boden.

Eher hoch hinaus will der Laubfrosch (*Hyla arborea*), der sich gerne auf Bäumen und Sträuchern aufhält und manchmal bis in die Wipfel hinaufklettert. Die Tiere sind gewöhnlich auffallend grün gefärbt und besitzen eine dunkle, meist weiß abgesetzte Längsbinde an den Seiten. Männchen wie Weibchen werden etwa fünf Zentimeter groß. Je nach Stimmung und Umgebung kann die Färbung der Haut nach grau, braun oder hellgelb wechseln. Ein besonderes Merkmal sind die zu runden Haftscheiben verbreiterten Spitzen der Finger und Zehen, die ihnen das Klettern an senkrechten Wänden ermöglichen. Zwischen den Fingern und Zehen befinden sich nur kleine, schmale Schwimmhäute. Dementsprechend leben Laubfrösche vorwiegend außerhalb des Wassers, obwohl sie sehr gut schwimmen können. Nur zur Paarung und zum Ablaichen suchen sie ein Gewässer auf. Der kräftige Paarungsruf der Männchen ist weithin hörbar. Leider sind die Laubfrösche bei uns mittlerweile sehr selten geworden.

Sehr anpassungsfähig und in zahlreichen verschiedenen Biotopen anzutreffen ist der Grasfrosch (*Rana temporaria*). Die Färbung der bis zu zehn Zentimeter groß werdenden Tiere kann von gelbrot über rotbraun bis schwarzbraun variieren, wobei meist ein dunkles Fleckenmuster auftritt. Die Unterseite ist wesentlich heller. Grasfrösche laichen schon im zeitigen Frühjahr ab und leben danach an Land, häufig auch fern von Gewässern.

Ebenso wie der Grasfrosch gehört auch der Springfrosch (*Rana dalmatina*) zu den Echten Fröschen (*Ranidae*). Die Männchen werden sechs Zentimeter, die Weibchen neun Zentimeter groß. Sie sind grau oder braun gefärbt, nur manchmal mit einigen dunklen Flecken besetzt. Das besondere Kennzeichen der Springfrösche sind die extrem langen Hinterbeine, denen sie ihr außergewöhnliches Springvermögen verdanken. Sie sollen einen Meter hoch und zwei Meter weit springen können. Diese Art bevorzugt Landschaften mit reicher Vegetation, besonders lichte Wälder. Springfrösche leben häufig in Auenwäldern, obwohl sie auch weit weg vom Wasser angetroffen werden. Bei feuchtem Wetter sind die Tiere den ganzen Tag aktiv. Man hat nachgewiesen, daß zumindest die Männchen im Wasser überwintern.

Unter den Reptilien gibt es nur einen typischen Bewohner der Auen, die Ringelnatter (*Natrix natrix*). Sie gehört zu den Wassernattern, die innerhalb der Echten Nattern eine eigene Gattung (*Natrix*) bilden. Die Echten Nattern sind die bei weitem artenreichste Familie der derzeit lebenden Reptilien. Die Ringelnatter ist unsere häufigste Schlange, die sich immer in der Nähe von Gewässern aufhält. Diese Schlange ist einheitlich grau gefärbt bis auf die beiden halbmondförmigen, gelben Flecken hinter den Augen. Sie ernährt sich von Fröschen, Molchen und kleinen, meist kranken Fischen. Sie ist ungiftig und für größere Tiere und den Menschen absolut ungefährlich. Ihre Eier legt sie gerne in modernden Pflanzenresten ab, da hier eine für die Eientwicklung günstige, hohe Temperatur herrscht. Häufig findet man auch die Gelege in alten Komposthaufen. Wie alle einheimischen Reptilien ist die Ringelnatter bedroht und daher gesetzlich geschützt. Schlangen sind nicht nur wegen der fortschreitenden Lebensraumzerstörung gefährdet, sondern auch, weil sie immer noch aus Unwissenheit und aufgrund von Vorurteilen von Menschen verfolgt und getötet werden.

Da die reichhaltige Insektenwelt und vielfältig strukturierte Vegetation der Auen ein breites Nahrungsangebot hat, leben hier zahlreiche Vogelarten, sowohl Insekten- als auch Körnerfresser. Auch Vögel, die sich von im Wasser lebenden Tieren ernähren, und Greifvögel finden geeignete Lebensbedingungen. Im folgenden wird nur eine Auswahl der häufig in Auen vorkommenden und dort brütenden Arten beschrieben. Auch diese Vogelarten leben nicht ausschließlich in Auen, sondern besiedeln verschiedene Feuchtgebiete; in den naturbelassenen Auen finden sie jedoch ideale Lebensbedingungen vor. So kommt es ebenso in der Vogelwelt der Auen durch einen reich strukturierten Lebensraum zu einer großen Artenvielfalt.

Ein Juwel unter den einheimischen Vögeln ist der Eisvogel (*Alcedo atthis*) wegen seiner prächtigen Färbung. Kopf und Flügel schillern auffallend in einem kräftigen Grün oder Blau, Unterseite und Füße sind rötlich-braun gefärbt. Der Eisvogel ernährt sich vorwiegend von kleinen Fischen, die er mit seinem kräftigen, langen Schnabel im Sturzflug aus dem Wasser fischt. Entweder im Rüttelflug über der Wasseroberfläche oder von einem erhöhten Ansitz aus beobachtet er seine Beute. Im passenden Augenblick stößt er mit angelegten Flügeln ins Wasser, packt sein Opfer, schwimmt flügelschlagend wieder zur Wasseroberfläche und fliegt sofort zu seinem Ansitz zurück. Er tötet den Fisch, indem er ihn mehrmals gegen seinen Sitzplatz oder einen Zweig schlägt, und verschlingt ihn dann mit dem Kopf voran, damit sich die Flossen nicht in seiner Speiseröhre verfangen. Um ausreichend Nahrung zu finden, ist der Eisvogel auf saubere, fischreiche Gewässer mit ruhigen, zum Jagen geeigneten Zonen angewiesen. Außerdem benötigt er ein sandiges Steilufer, in dem er seine Brutröhre anlegt. Als Jagdrevier bevorzugt er Ufer mit überhängenden Bäumen, die er gut als Beobachtungswarten nutzen kann. Diese Ansprüche erfüllen Weichholzauen mit teilweise sandigen Steilufern. Da diese Lebensräume drastisch reduziert worden sind, sind auch die Eisvögel nur noch selten anzutreffen.

Auch Reihervögel sind Bewohner der Auen. Drei selten gewordene Arten wurden als Brutvögel in bayerischen Auen nachgewiesen: der Purpurreiher (*Ardea purpurea*), der Nachtreiher (*Nycticorax nycticorax*) und die Zwergdommel (*Ixobrychus minutus*).

Der Purpurreiher ist mit dem Fischreiher eng verwandt. Er ist kleiner, Kopf und Hals sind bräunlich gefärbt, der Körper ist wie beim Fischreiher grau. Die Tiere nisten in Kolonien im Röhricht. Ihre Nahrung besteht aus Fischen, die sie beim Schreiten durchs Wasser erbeuten.

Der Nachtreiher wird nur etwa 60 Zentimeter groß und hat eine gedrungene Gestalt. Kopf, Flügeldecken und der kräftige Schnabel sind schwarz, der restliche Körper ist weißlich-grau. Der Nachtreiher bevorzugt reich bewachsene Ufer. Tagsüber schläft er in Bäumen und Büschen; aktiv ist er in der Morgen- und Abenddämmerung. Er ernährt sich von Wasserinsekten und deren Larven, kleinen Fischen und Fröschen; an Land erbeutet er sogar Spinnen, kleine Säuger und Vögel. Nachtreiher nisten in Kolonien und bauen ihre Nester nahe am Ufer in Büschen oder Bäumen.

Die Zwergdommel ist mit 35 Zentimeter Länge der kleinste Reihervogel. Durch ihre unauffällige Färbung und ihre sehr versteckte Lebensweise ist sie nur selten zu sehen. Bei Gefahr nimmt sie eine starre Körperposition mit ausgestrecktem Hals ein; diese sogenannte Pfahlstellung ist auch von der Rohrdommel bekannt. Auf diese Weise verschmilzt der Vogel optisch mit dem Röhricht.

Zahlreiche Wasservögel sind in Auengebieten ebenso wie in anderen Gewässerzonen anzutreffen. Hierzu zählen der Haubentaucher (*Podiceps cristatus*), der Zwergtaucher (*Tachybaptus ruficollis*), verschiedene Entenarten, der Gänsesäger (*Mergus merganser*), das Bläßhuhn (*Fulica atra*), das Teichhuhn (*Gallinula chloropus*) und die Wasserralle (*Rallus aquaticus*). Ebenfalls an das feuchte Element eng gebunden ist der Schwarzmilan (*Milvus migrans*). Er ernährt sich gerne von toten Fischen oder anderen Tieren, die er aus dem Wasser holt. Dort sucht er auch Baumaterial für seinen Horst. Der Rotmilan (*Milvus milvus*) ist zwar mehr ein Vogel der Wälder und Feldhecken, er brütet aber wie der Schwarzmilan häufig im Auenwald. Seine Nahrung besteht aus allen möglichen Kleintieren. Oft leben die Rotmilane in Nachbarschaft zu stärkeren Greifvögeln, die sie um größere Beutestücke anbetteln. Fast alle einheimischen Spechte (Familie der *Picidae*), die in Laub- und Mischwäldern vorkommen, besiedeln auch die Auenwälder. Sie ernähren sich hauptsächlich von Insekten, die sie unter der Baumrinde und in morschem Holz finden. Mit ihrem sehr harten Schnabel meißeln sie ihre Bruthöhle in einen Baumstamm. Beim senkrechten Klettern stützen sie sich mit ihrem kräftigen Schwanz an den Bäumen ab. Besonders eng an Hartholzauen gebunden ist der Mittelspecht (*Dendrocopus medius*). Er lebt bevorzugt auf Eichen, in deren rauher Borke er nach Insekteneiern und -larven sowie Spinnen sucht. In den Auen findet man auch die kleinste Art, den Kleinspecht (*Dendrocopus minor*), und die größte Art, den Schwarzspecht (*Dryocopus martius*). Der Schwarzspecht zieht Waldstücke mit mächtigen Bäumen und lichtem Unterholz vor. Dort sucht er nach seiner Lieblingsnahrung, den Ameisen. Seine Höhlen legt er am liebsten in der luftigen Höhe von zehn bis zwölf Metern an. Eher im Röhrichtdickicht anzutreffen sind die verschiedenen Rohrsängerarten. In den Auenbereichen brüten der Teichrohrsänger (*Acrocephalus scirpaceus*), der Drosselrohrsänger (*Acrocephalus arundinaceus*) und der Sumpfrohrsänger (*Acrocephalus palustris*). Ebenso wie der nahe verwandte Schlagschwirl (*Locustella fluviatilis*) bauen sie ihre kunstvollen Nester zwischen Schilfhalmen oder im Weidengebüsch. Sie ernähren sich von

Insekten und fischen auch häufig Wasserinsekten und deren Larven von der Wasseroberfläche. Alle Arten sehen sich sehr ähnlich und sind nur durch ihren Gesang zu unterscheiden. Der Schlagschwirl kann als typischer Bewohner der Auen- und Bruchwälder bezeichnet werden. Der Gelbspötter (*Hippolais icterina*) dagegen ist in vielen verschiedenen Lebensräumen anzutreffen. Man erkennt ihn an seinem gelben Bauch. Sein Gesang ähnelt dem des Sumpfrohrsängers. Alle fünf Arten gehören zur Familie der Grasmücken (*Sylviidae*).

Das Blaukehlchen (*Luscinia svecica*), das zur Familie der Fliegenschnäpper (*Muscicapidae*) zählt, bevorzugt buschreiche Ufer. Die Männchen besitzen eine blaue Kehle, in deren Mitte sich ein roter oder weißer Fleck befindet. Dieser Singvogel ist bei uns hochgradig gefährdet. Die Schwanzmeise (*Aegithalos caudatus*) und die Beutelmeise (*Remiz pendulinus*) gehören nicht zu unseren echten Meisen, sondern zu den Timalien, einer Vogelgruppe, die hauptsächlich in Südasien beheimatet ist. Die Beutelmeise bewohnt nur Lebensräume in Gewässernähe mit Röhrichtzonen und dichtem Gebüsch. Ihren Namen verdankt sie der kunstvollen Bauweise ihrer Nester. Das Nest wird an einer herabhängenden Astgabel, seltener an einem einzelnen Ast, meist über einer Wasserfläche befestigt. Aus langen Pflanzenfasern webt das Männchen ein korbähnliches Gebilde, das dann zu einem Beutelnest mit einer seitlichen Einflugöffnung ausgebaut wird.

Wegen ihres im Verhältnis zum Körper überlangen Schwanz wird die Schwanzmeise auch Pfannenstielchen genannt. Sie lebt in Laubwäldern und Gebüschen und ist nicht so sehr auf Gewässer angewiesen wie die Beutelmeise. Sie ernährt sich überwiegend von Blatt- und Schildläusen. Auch sie baut im dichten Gebüsch ein kunstvoll gewebtes Nest in der Form eines Beutels mit einer seitlichen Öffnung. Schwanzmeisen sind sehr gesellige Vögel und schlafen sogar zu mehreren eng aneinander geschmiegt. Auch die echten Meisen sind in den Auenwäldern vertreten. Überwiegend in den Weichholzauen lebt die Weidenmeise (*Parus montanus*). Sie zimmert ihre Bruthöhle selber im weichen Holz der Weiden.

Zuletzt sei noch ein typischer Vogel der schilfreichen Uferzonen genannt: die Rohrammer (*Emberiza schoenicius*). Sie baut ihr Nest niedrig über dem Boden, manchmal sogar über dem Wasser im Röhricht. Rohrammern sind bräunlich gefleckt und haben einen weißen Bauch. Der Kopf der Männchen ist schwarz, im Gegensatz zu den einheitlich unscheinbar gezeichneten Weibchen.

Auf einem Ausflug in ein Auengebiet kann man Schmetterlinge und andere Insekten, Vögel und vielleicht auch Amphibien beobachten. Säugetiere jedoch bekommt man kaum zu Gesicht. In den Uferzonen und im

Auenwald können auf Dauer nur Säuger leben, die durch die regelmäßigen Überflutungen nicht beeinträchtigt werden. Alle in Erdbauen wohnenden Arten wie das Kaninchen, der Dachs oder der Fuchs wandern zwar gelegentlich in die Auenwälder ein, verlassen aber diese Bereiche wieder bei Hochwasser.

Fledermäuse, die einzigen fliegenden Säugetiere, kommen häufig zum Jagen in die Auenbereiche. Besonders in der Abenddämmerung kann man beobachten, wie sie dicht über der Wasseroberfläche Jagd auf Insekten machen. Den Tag verbringen sie schlafend an geschützten Plätzen, wie Mauerritzen oder Felsspalten, und in hohlen Bäumen. Im Sommer finden sich die Fledermausweibchen in Höhlen oder Dachböden zu großen Kolonien zusammen, um ihre Jungen zur Welt zu bringen. Diese Kolonien bezeichnet man als Wochenstuben. Die kalte Jahreszeit verschlafen sie in großen Gruppen in ihren Überwinterungsquartieren.

Eine Mausart, die feuchte Lebensräume mit hochgewachsenem Schilf oder Gräsern bevorzugt, ist die Zwergmaus (*Micromys minutus*). Sie ernährt sich von Insekten und deren Larven sowie von Sämereien. Auf der Suche nach Nahrung turnt sie zwischen den langen Halmen umher. Im dichten Schilfwald legt sie ihr kugeliges «Hochnest» an, in dem sie ihre Jungen aufzieht.

Zwei weitere Nagetierarten bieten langsam fließende Gewässer idealen Lebensraum: der Bisamratte (*Ondatra zibethica*) und dem Biber (*Castor fiber*). Die Bisamratte wurde 1905 wegen ihres begehrten Felles in Europa eingeführt. Bald darauf wurde sie vielerorts intensiv gejagt, da sich diese Tierart als sehr anpassungsfähig erwies, sich explosionsartig vermehrte und durch ihre Wühl- und Fraßtätigkeit große Schäden anrichtete. Im Gegensatz dazu gehörte der Biber eigentlich schon immer in die Auenlandschaft, wurde aber durch die Jagd fast ausgerottet. Erst in den letzten Jahrzehnten ist der Biber durch erfolgreiche Wiederansiedlungsversuche in Mitteleuropa wieder heimisch geworden.

Beide Tiere bauen sich an höheren Uferwänden Erdhöhlen mit unter Wasser liegenden Eingängen oder errichten an flachen Ufern sogenannte Burgen aus Holz, Schlamm, Steinen und Pflanzenmaterial. Die Burgen der Bisamratte sind meist flacher als die kegelförmig aufgewölbten Bauten der Biber. Die Bisamratte ernährt sich von Wurzeln, Trieben, Blüten und Früchten der am Wasser wachsenden Pflanzen. Gelegentlich frißt sie auch Muscheln und Wasserschnecken. Der Biber dagegen ist reiner Vegetarier. Im Sommer stehen über 160 verschiedene Pflanzenarten auf seinem Speiseplan. Im Winter ernährt er sich vorwiegend von der Rinde der Weichgehölze. Beide Tierarten sind in der Dämmerung und in der Nacht aktiv und als ausgezeichnete Schwimmer sehr gut an das

Leben am Wasser angepaßt. Auch wenn man die Tiere selber nicht entdeckt, zeugen doch die gebauten Burgen von ihrer Anwesenheit.

Die Bauten haben dazu beigetragen, daß in den wenigen Gebieten, wo Biber bisher erfolgreich wiedereingebürgert wurden, schon wieder Stimmen laut werden, die eine Dezimierung dieser harmlosen Nager fordern. Die an Gewässerufern unterirdisch angelegten Biberbaue sind meist von außen nicht zu erkennen. Landwirte, die mit ihren schweren Geräten das Kulturland bestellen, fahren häufig sehr nahe an die Gewässer heran, um möglichst viel Fläche auszunutzen. Schon mehrfach passierte es, daß ein Bauer mit seinem Traktor in solch einen Biberbau einbrach und dabei neben den Maschinen leider auch Menschen zu Schaden kamen. Das ist aber nicht der einzige Grund, warum sich die Biber keiner besonderen Beliebtheit bei Landwirten erfreuen. Verständlicherweise bereichern die Nager ihren Speiseplan gerne mit Feldfrüchten wie Mais und Zuckerrüben. Den enstehenden geringfügigen Schaden sollte man tolerieren, denn die Biber gehören seit Jahrtausenden in unsere Landschaft. Durch ihre Bau- und Nagetätigkeit haben sie zum Hochwasserschutz und zur Verjüngung der Auenwälder beigetragen.

Die Bedeutung der Auen für die Natur und den Menschen

Die Fließgewässer bilden mit ihren Überschwemmungsgebieten, in denen sich die Auen entwickeln, eine untrennbare Einheit. Die Auen tragen erheblich zur Dämpfung von Hochwasser bei. Wenn zur Zeit der Schneeschmelze oder nach lang anhaltenden Regenfällen der Fluß über seine Ufer tritt, werden die angrenzenden Auenbereiche überflutet. Durch die dichte Vegetation wird die Geschwindigkeit des zurückfließenden Wassers vermindert. Die großen Wassermengen fließen wesentlich langsamer zu Tal, als wenn sie nicht durch den Auenbereich «abgebremst» worden wären. Welche Auswirkungen das ungebremste Abfließen des Wassers haben kann, hat man an den zahlreichen Flutkatastrophen in den vergangenen Jahren in Mitteleuropa gesehen. Überall dort, wo ursprünglich mäandrierende, von Auenwäldern gesäumte Flüsse begradigt, von ihren Auen getrennt und in ein künstliches Bett gezwängt wurden, kam es besonders im Unter- und Mittellauf der Flüsse zu folgenschweren Überschwemmungen. Nach einer Begradigung braucht das Wasser nur noch halb so viel Zeit, um dieselbe Strecke zurückzulegen, d.h., wesentlich größere Wassermassen fließen voran und überfluten beispielsweise am Ufer gelegene Städte.

Neben dieser Pufferwirkung ist auch die Reinigungskraft der Auen für die Gewässer sehr wichtig. Bei Überflutungen werden Schwebstoffe in den Auenbereichen abgelagert. Je langsamer das Wasser aus den Auen wieder abfließt, desto feiner sind die sedimentierenden Teilchen. Dadurch wird der Auenboden regelmäßig mit neuen Nährstoffen versorgt. Die Auenpflanzen wirken wie eine biologische Kläranlage. Das Flußwasser wird auf diese Weise gereinigt und mit Sauerstoff angereichert, was wiederum die Selbstreinigungskraft des Gewässers erhöht.

Nicht alles Wasser, das in den Auen über die Ufer tritt, fließt wieder zurück in das Flußbett. Ein nicht unerheblicher Teil versickert vorher im Boden. Bevor es das Grundwasser erreicht, wird es von den verschiedenen Sand- und Kiesschichten gefiltert. Der Grundwasserstand steigt an. Sobald der Wasserpegel des Flusses sinkt, kann das gereinigte Wasser wieder an den Fluß abgegeben werden. Ein Teil des versickerten Wassers fließt jedoch nicht zurück in das Gewässer, sondern speist andere Grundwasserreservoire, die wiederum unsere Trinkwasserversorgung sicherstellen.

Wie oben schon dargestellt haben die Auen auch für die Tier- und Pflanzenwelt eine besondere Bedeutung. Viele im Wasser lebende Tiere kommen in die vegetationsreichen Uferzonen, um dort nach Nahrung zu suchen oder ihren Laich bzw. ihre Eier abzulegen. Die Auen sind die Kinderstube für Insekten, Fische, Amphibien und viele Vögel. Viele Kleintiere oder Pflanzen werden dank der Auen verbreitet und können so mit weiter entfernt lebenden Populationen Erbgut austauschen: Die Pflanzensamen reifen, die Tiere wachsen in den Auen heran. Mit der Strömung des Flusses gelangen sie in andere, stromabwärts gelegene Auenbereiche und können sich dort ansiedeln und mit anderen Artgenossen verpaaren. Auf diese Weise tragen die Flußauen zur geographischen Verbreitung von Tieren und Pflanzen sowie zum Genaustausch innerhalb einer Art bei, der für die weitere Entwicklung zum Vorteil gereicht.

Bedingt durch den mosaikartigen Zusammenschluß von unterschiedlichen Lebensraumtypen zeichnen sich die Auen durch eine außergewöhnliche Artenvielfalt aus. Sie sind die artenreichsten Biotope der gemäßigten Zone und beherbergen eine Vielzahl von selten gewordenen, in ihrem Bestand bedrohten Tieren.

Für uns Menschen haben die Flußauen in der Wirkung als Pufferzone bei Hochwasser praktischen Nutzen. Ausserdem trägt der dichte Auenwald nicht unerheblich zur Verbesserung der Luftqualität bei, indem er Staub herausfiltert und die Luft mit Feuchtigkeit und Sauerstoff anreichert.

Schließlich kommt den Auen ein bedeutender Freizeitwert für erholungssuchende Menschen zu. Die üppige Vegetation mit der artenreichen Tierwelt vermittelt dem Ausflügler ein intensives Naturerlebnis.

Hier kann er noch ein Stück unberührter Natur erleben, kann Kaulquappen und Libellenlarven beobachten, kann dem Gesang selten gewordener Vögel lauschen oder einfach bei einem Spaziergang die abwechslungsreiche Flora genießen.

Die Gefährdung der Auen

Wenn man nun all die Vorteile bedenkt, die eine natürliche Aue Menschen, Tieren und Pflanzen bietet, fragt man sich, warum schon über 90 Prozent der ehemaligen Flußauen verschwunden sind. Ein Grund dafür ist die Tatsache, daß viele Maßnahmen, die zu einer Zerstörung dieser wertvollen Lebensräume führten, schon vor Jahrzehnten geplant und in die Tat umgesetzt wurden. Damals fehlte das Wissen um die komplizierten ökologischen Zusammenhänge, die in einem Auenwald herrschen. Daher war man sich auch der Folgen dieser Maßnahmen für den Naturhaushalt nicht bewußt. Mittlerweile sind all diese Zusammenhänge bekannt, aber trotzdem sollen noch immer Auengebiete dem technischen Fortschritt und dem angeblichen Wohle der Menschheit weichen.

Um welche Maßnahmen handelt es sich nun, die zu einer Veränderung und meistens zur Zerstörung der Flußauen führen? An erster Stelle steht der Ausbau der Fließgewässer, den man aus verschiedenen Gründen durchgeführt hat. Vor allem sollte auf den großen Flüssen ein reibungsloser Verkehr der Binnenschiffahrt gewährleistet sein. Um einen möglichst geraden Verlauf und einen nur geringfügig schwankenden Wasserpegel herzustellen, zwang man die Flüsse in ein künstliches begradigtes Bett. Ein mäandrierender Verlauf mit weitläufigen Überflutungszonen war unerwünscht.

Durch die Flußbegradigung erhöht sich die Fließgeschwindigkeit und damit auch die Erosionskraft des Wassers. An den künstlich angelegten und meist steil abfallenden Ufern können sich kaum noch Pflanzen und Tiere ansiedeln, da sie von den Wassermassen mitgerissen werden. Eine Sedimentierung der Schmutz- und Nährstoffe aus dem Fluß ist nicht mehr möglich. Mit der Begradigung geht meist eine Vertiefung des Flußbettes einher. Dadurch sinkt der Grundwasserspiegel in dem Auenbereich und die Auenwälder trocknen schließlich aus, was einen Verlust der typischen Flora und Fauna zur Folge hat. Eine andere Maßnahme, die zur Trockenlegung der Auen führte, war die sogenannte Hochwasserfreilegung. Mit dem Erbauen von Dämmen sollte die regelmäßige Überflutung der an das Gewässer angrenzenden Siedlungs- und Kulturflächen verhindert werden. Dadurch wurden die Auen von ihrem lebensspendenden Element abgetrennt und zum Untergang verurteilt.

Wertvolle nährstoffreiche Landflächen, die unter normalen Umständen periodisch überschwemmt wurden, konnten gerodet und für die Landwirtschaft genutzt werden. Daß die Auenböden ihren hohen Nährstoffgehalt aber nur aus den Sedimenten des Flusses erhalten hatten, wurde dabei nicht bedacht. Nach einigen Jahren intensiver landwirtschaftlicher Nutzung sind diese Flächen ausgelaugt und bedürfen zusätzlicher Düngung.

Der Kiesabbau ist eine weitere Nutzungsform der trockengelegten Auenbereiche. Der mit der Zeit durch den Fluß abgelagerte Kies oder Sand kann mit schwerem Gerät abgebaut werden.

Die Nutzung der Auenbereiche als landwirtschaftliche Flächen ist keine Erscheinung der jüngsten Zeit. Schon früher rodete man hierfür Auenwälder oder nutzte fruchtbare Wiesen in den Auen von Bächen und Flüssen. Diese Flächen galten als feuchte Wirtschaftswiesen, die hauptsächlich zur Gewinnung von Einstreu dienten. Sie zeichneten sich durch späten, ein- bis zweimaligen Schnitt und mäßige Düngung mit Stallmist aus. Diese Art der Nutzung ist heute sehr selten geworden. Über die Bedeutung der Feuchtwiesen wird in einem späteren Kapitel genauer berichtet.

Vielerorts wurde an den großen Flüssen ein weiterer schwerer Eingriff vorgenommen: die Errichtung von Wasserkraftwerken. Durch den Bau von Staustufen wird das Wasser zurückgehalten. Durch das künstlich geschaffene Gefälle erhält das Wasser genug Kraft, um die stromerzeugenden Turbinen anzutreiben. An vielen europäischen Flüssen wurden nicht nur einige, sondern in regelmäßigen Abständen zahlreiche solcher Staustufen erbaut. Auch in diesen Bereichen haben die Auen keine Überlebenschancen. Zudem stellen die Staustufen unüberwindliche Hindernisse für flussauf- und abwärts wandernde Tiere dar. Auch die passive Verbreitung von Pflanzen wird beeinträchtigt. Die geographische Verbreitung von Individuen und damit verbunden der Genaustausch innerhalb einer Art wird empfindlich gestört. Ähnliche Auswirkungen haben die großen Stauseen. Außerdem lagern sich in ihnen verstärkt Sedimente ab, was zum Verlust von Kies- und Sandböden in den Flüssen führt. Der natürliche Geschiebetransport von den höheren Lagen in die Mittel- und Unterläufe wird damit unterbrochen. Werden Fließgewässer, die normalerweise auch im Sommer sehr kalt sind, aufgestaut, erwärmt sich das Wasser ungewöhnlich stark. Die ursprüngliche Flora und Fauna ist an diese Bedingungen nicht angepaßt, und die Lebensgemeinschaft verändert sich.

Alle aufgeführten Maßnahmen, die einen Eingriff in die Gewässer und den Auenbereich bedeuteten, sollten den Menschen Vorteile bringen: Der Mensch wollte vor Hochwasser geschützt sein sowie wertvolle landwirtschaftliche Flächen und Strom gewinnen. Dabei blieb unberücksichtigt, daß einer der wertvollsten Lebensräume bis auf wenige Überreste zerstört wurde. Außerdem zeigte die Hochwasserfreilegung nicht die gewünschte Wirkung. Die Erhöhung der Fließgeschwindigkeit und die Beseitigung der Überschwemmungsräume führt dazu, daß sich auch eine Hochwasserwelle viel schneller vorwärts bewegt. Zusammen mit den ungebremst abfließenden Wassermengen der oft verrohrten Bäche und kleinen Flüsse kommt es so zu verheerenden Überflutungen. Inzwischen hat man den Fehler bei dem bisher durchgeführten «Hochwasserschutz» erkannt und ist zum Entschluß gekommen, daß eine Renaturierung der ehemaligen Auenbereiche die Lösung des Problems ist.

Die Einleitung von Abwässern belastet besonders nährstoffarme bis mäßig nährstoffreiche Gewässer. Das chemische Gleichgewicht des Wassers wird gestört. Die kargen Lebensräume wie Sand- und Kiesbänke oder magere Uferstreifen, die nur von speziell angepaßten Pflanzen besiedelt werden können, verschwinden.

Nicht nur die Einleitung von verschmutzten, sondern auch von aufgeheizten Wassermassen, die aus Kühlsystemen von Kraftwerken und Industrieanlagen stammen, beeinträchtigen die Lebensgemeinschaft der Fließgewässer und ihrer Auen. Die an sommerkalte Gewässer angepaßten Organismenarten finden keine geeigneten Lebensbedingungen mehr vor. Außerdem sinkt mit zunehmender Erwärmung der Sauerstoffgehalt des Wassers. Neben den direkt einflußnehmenden Maßnahmen beeinträchtigt auch die zunehmende Umweltverschmutzung und der übermäßige Einsatz von Pestiziden die Auenbereiche. Auch wenn die Auen eine starke Reinigungswirkung besitzen und die Selbstreinigungskraft des Wassers erhöhen, können sie doch eine hochgradige Wasserverschmutzung nicht ausgleichen. Pflanzen und Tiere besonders in der häufig überfluteten, amphibischen Zone werden geschädigt. Ähnlich verhält es sich in den äußeren Auenwaldzonen. Oft grenzen landwirtschaftliche Nutzflächen an die Auenbereiche. Werden dort Pestizide eingesetzt, kann es zu einem Eintrag in den Auenwald kommen, der krautige Pflanzen oder Kleinlebewesen schädigt oder sogar vernichtet.

Zuletzt sei noch die Störung verschiedener Tierarten durch den Menschen erwähnt. In den dichten Röhrichtzonen im Uferbereich und im Dickicht der Auenwälder nisten zahlreiche Vögel, die anderswo keinen Lebensraum mehr finden und selten geworden sind. Deshalb sollten alle Erholungssuchenden während der Brutzeit nur die lichten Zonen aufsuchen und die Wege benutzen, damit die Tiere nicht unnötig gestört werden. Auch Wassersportler sollten Schilf- und Röhrichtzonen aus denselben Gründen weiträumig meiden.

Schutz, Erhalt und Regeneration von Auen

Die wenigen noch naturbelassenen Auenflächen müssen auf jeden Fall erhalten bleiben. Sie dürfen nicht weiteren Baumaßnahmen zum Opfer fallen. Der beste Schutz für solche Gebiete ist die Ausweisung als Naturschutzgebiet. Solche Unterschutzstellungen werden von den jeweiligen Ländern und Bezirken vorgenommen und müssen häufig gegen massiven politischen Widerstand durchgesetzt werden.

Weniger als 10 Prozent der ehemaligen Flußauen sind heute noch vorhanden. Um die Gefahr der Hochwasserkatastrophen abzuwenden, müssen möglichst viele dieser ehemaligen Auengebiete regeneriert werden. Ausschließlich mit der Problematik der Auen, deren Erhaltung und Regeneration beschäftigt sich das WWF-Aueninstitut in Rastatt. Hier arbeiten Wissenschaftler und Fachleute der unterschiedlichsten Disziplinen, um Konzepte zur Rettung der Auen auszuarbeiten und fachberaterisch tätig zu sein.

Langfristiges Ziel ist es, genauso viele Auenbereiche wiederherzustellen, wie ursprünglich vorhanden waren. Durch Rückverlegen der Hochwasserdämme werden die früheren Überflutungsräume wieder an den Fluß angeschlossen, und es kann sich erneut eine auentypische Vegetation und mit ihr die charakteristische Fauna ausbilden. Das großflächige Versickern trägt zur Reinigung des Wassers bei und speist die Grundwasserreservoire.

Um Renaturierungsmaßnahmen durchführen zu können, müssen viele landwirtschaftlich oder anderweitig genutzte Flächen stillgelegt werden, was auf heftigen Widerstand seitens der Nutznießer stoßen wird. Am besten ist daher der Erwerb solcher für den Naturschutz benötigten Flächen durch die Gemeinden, Länder oder Naturschutzorganisationen. Auch die Wiederherstellung eines mäandrierenden Flußverlaufes bedarf größerer Landflächen.

Zieht man nun ein Resümee, kommt man zu einem erschreckenden Ergebnis: Eigentlich war man sich immer über die Bedeutung der Auen im Klaren. Im Rahmen des technischen Fortschritts hat der Mensch aber den größten Teil dieser Lebensräume zerstört. Nicht durch die Verarmung unserer Tier- und Pflanzenwelt alarmiert, sondern nur durch Schäden, die er am eigenen Leib in Form von Hochwasserkatastrophen erfahren hat, hat er erkannt, daß der natürliche Zustand der Auen am besten war, und versucht nun, die angerichteten Schäden wiedergutzumachen.

Die Situation der Auen in Deutschland

Auen können sich nur dort entwickeln, wo bestimmte geographische Gegebenheiten erfüllt sind. Daher kann man nicht an jedem Fluß in Deutschland die Ausbildung von Auen erwarten. Auen entstehen dort, wo der Fluß in einem Flußbett verläuft, das lockeres Material enthält und wo die angrenzenden Flächen tief liegen und bei Hochwasser überschwemmt werden können. Verlaufen Flüsse in Einschnitten im Gebirge, fehlen die Auen völlig oder sind auf winzige Bereiche am Ufer oder auf kleinen Inseln beschränkt.

Ausgedehnte Auenbereiche kann man in Deutschland nur am Oberrhein, an der Donau und ihren Nebenflüssen Iller, Lech, Isar und Inn, am Niederrhein, an der Ems, der Weser, der Aller und der Elbe finden. Der Oberrhein und die Nebenflüsse der Donau unterliegen alpinen Einflüssen, was sich in Sommerhochwässern äußert. Daher werden die angrenzenden Flächen während der Vegetationszeit überflutet und eignen sich weniger für die landwirtschaftliche Nutzung. Aus diesem Grund findet man hier noch Auenwälder in größerem Ausmaß. Die norddeutschen Flüsse liegen im Einzugsbereich der Mittelgebirge und weisen demzufolge Winter- bzw. Frühjahrshochwässer auf. Diese periodischen Überflutungen stehen einer landwirtschaftlichen Nutzung nicht entgegen. Deshalb wurden in diesen Gebieten zum Teil schon vor Jahrhunderten die Auenwälder abgeholzt und in Grünflächen umgewandelt.

Alle größeren Flüsse in Deutschland hat man in den vergangenen Jahrzehnten zumindest teilweise durch Ausbaumaßnahmen verändert. Einen völlig natürlichen Flußlauf mit unbefestigten Ufern, lockerem Geschiebe und sich ständig verlagernden Flußarmen gibt es bei uns so gut wie nicht mehr.

Moore

In diesem Gedicht von Annette von Droste-Hülshoff wird nur allzu treffend die Stimmung wiedergegeben, die uns heute noch ergreift, wenn wir durch ein unberührtes Moor gehen. Hat nicht jeder ein etwas ungutes Gefühl, wenn er den weichen, nachgebenden Boden betritt? Und läuft uns nicht ein Schauer über den Rücken, wenn wir die mit braunem Moorwasser gefüllten «Mooraugen» sehen und uns vorstellen, welch grausiger Fund vielleicht in dem grundlosen Sumpf verborgen ist?

Aber nicht nur deswegen wollen wir uns mit diesen Lebensräumen beschäftigen, sondern vor allem wegen ihrer Bedeutung für den Naturhaushalt, für Pflanzen und Tiere und nicht zuletzt auch für den Menschen.

Ökosysteme, die teilweise eine torfbildende Vegetation aufweisen, werden als Moore bezeichnet. Man kann sie als Lagerstätten von Torf betrachten, die von lebenden Pflanzen bewachsen sind. Torf ist eine mineralarme Humusform, die aus unvollständig zersetzten, konservierten Pflanzenresten besteht. Je nachdem, um was für einen Typ Moor es sich handelt, ist der Torf unterschiedlich zusammengesetzt. Bei einem echten Moor ist die Torfschicht mindestens 30 Zentimeter dick. Bei den nacheiszeitlichen Mooren in Mitteleuropa findet man Torfmächtigkeiten von zwei bis maximal 13 Metern. Überall auf der Erde, wo große Mengen Wasser zur Verfügung stehen und das Klima die Ausbildung von torfbildender Vegetation zuläßt, können Moore entstehen. Daher fehlen sie in den Wüsten- und Halbwüsten der Erde. Moore stellen eine Art Übergang zwischen den Lebensräumen Land und Wasser dar. In diesem Zusammenhang interessieren vor allem die Moore der gemäßigten und subarktischen Zone, die erdgeschichtlich sehr junge Gebilde sind. Schätzungsweise begann die Entstehung von primären Mooren, landläufig als Niedermoore bezeichnet, vor 10'000 bis 11'000 Jahren, die von Hochmooren, die sich meist aus Niedermooren entwickeln, vor 7000 bis 8000 Jahren.

Für den Paläontologen sind Moore wertvolle Zeugen der Vergangenheit. Im Torf werden Pflanzenteile wie Pollenkörner, Samen und Beeren gut konserviert und können daher heute Aufschluß über die Entwicklung der Vegetation der letzten Jahrtausende geben. Da jede Pflanzenart an bestimmte klimatische Bedingungen angepaßt ist, lassen die Erkenntnisse über Veränderungen der Pflanzengesellschaften Rückschlüsse auf die Klimawechsel der Vergangenheit zu. Stellt man dabei gewisse Regelmäßigkeiten fest, kann man Prognosen für mögliche zukünftige Klimaänderungen aufstellen.

Auch Tierleichen und sogar menschliche Körper bleiben in dem huminsäurereichen Moorboden unter Luftabschluß nahezu perfekt erhalten. In dem sauerstoffarmen, sauren Milieu können die Mikroorganismen, die für die Verwesung organischen Materials verantwortlich sind, nicht existieren.

Aus den europäischen Moorgebieten sind etwa 600 Funde von menschlichen Leichen bzw. Leichenresten bekannt, die wertvolle Hinweise auf die Kultur und Lebensweise der damaligen Bevölkerung geben. Bei den Leichen wurden auch Kleidungsstücke, Schmuck, Werkzeuge, Waffen und Überreste ihrer Jagdbeute gefunden.

Die häufig als Moorleichen bezeichneten menschlichen Überreste sind teilweise so gut erhalten, daß man sogar Körperbemalungen feststellen konnte. Es wurden Untersuchungsmethoden entwickelt, anhand derer man sich ein Bild von den auf die Körper aufgemalten Motiven machen kann.

Die meisten der in Mooren als Leichen gefundenen Menschen sind eines gewaltsamen Todes gestorben. Es mag zwar gelegentlich vorgekommen sein, daß sich jemand im Moor verirrt hat und in einem wassergefüllten Moorkolk ertrunken ist. Aber bei fast allen Moorleichen konnte man Fremdeinwirkung als Todesursache feststellen. In Mooren wurden Menschen «begraben», die Opfer von Verbrechen geworden waren oder die hingerichtet wurden. Ebenso wurden Moore als Opferplätze benutzt. Diese Opfermoore waren den Göttern geweiht. Meistens wurden ihnen Kriegsgeräte wie Speere und Schwerter geopfert, die heute gut erhalten geborgen werden. Auch hölzerne Götterfiguren wurden an solchen Opferstellen gefunden.

Einer der eindrucksvollsten Moorfunde ist im Oldenburger Museum ausgestellt: die vollständig erhaltene Leiche eines verkrüppelten Jungen mit auf dem Rücken gefesselten Händen. Möglicherweise ist der gewaltsame Tod dieses Kindes, das man im Raghauser Moor gefunden hat, als eine Form von Euthanasie zu interpretieren.

Durch all diese Funde liefern uns die Moore, wenn auch manchmal auf etwas schaurige Weise, Informationen über das Sozialgefüge, die Kultur und die Glaubensrituale unserer Vorfahren.

Entstehung und Entwicklung von Mooren

Die verschiedenen Moortypen und die Abgrenzung zu anderen Feuchtbiotopen kann sich nach unterschiedlichen Kriterien richten. In der
Literatur findet man alle Arten der Charakterisierung: von der verein-
fachten, groben Einteilung in Nieder-, Zwischen- und Hochmoor bis hin
zu einer hochspezialisierten Kategorisierung anhand unzähliger diffe-
renzierter Pflanzengesellschaften. Da dieses Buch umfangreiches Grund-
wissen über Feuchtgebiete vermitteln soll, wurde von einer grob verein-
fachten Einteilung abgesehen, ohne jedoch durch zu viele Einzelheiten
zu verwirren. Unter dem Kapitel «Moore» werden all jene Lebensgemeinschaften vorgestellt, die im weitesten Sinne zu den Mooren zählen.
Es handelt sich hierbei um Biotope, die sich in dieser Form natürlich
entwickelt haben. Im Gegensatz dazu gibt es noch zahlreiche andere
Typen von Feuchtgebieten, die als Nachfolgestadium eines Moores anzusehen sind oder die durch menschlichen Einfluß aus Mooren entstanden sind. Diese Feuchtflächen werden in gesonderten Kapiteln beschrieben.

Moore lassen sich sowohl nach ökologischen als auch nach hydrologisch-entwicklungsgeschichtlichen Gesichtspunkten in verschiedene
Kategorien einteilen. Die ökologischen Moortypen unterscheidet man
anhand der Pflanzengesellschaften und des Kalk- und Nährstoffangebotes. Die als hydrologisch bezeichneten Moortypen lassen sich ihrer Entstehungsgeschichte nach differenzieren. Die Entstehung eines Moores
variiert mit dem Ursprung des Wassers, welches das Moor speist. Woher
das Wasser kommt und warum es sich gerade an einer bestimmten Stelle
ansammelt, hängt wiederum von den geologischen und geographischen
Gegebenheiten der Umgebung ab. Daher sind die verschiedenen Moortypen an bestimmte Landschaftsformen gebunden.

Moore befinden sich in einem kontinuierlichen Entwicklungsprozeß,
von dem wir nur eine «Momentaufnahme» erfassen können. Teils durch
natürliche Sukzession, teils durch menschlichen Einfluß verändern sich
die Moorgesellschaften und können von einem Typus in den nächsten
übergehen. Sie können aber auch ihren Moorcharakter völlig verlieren
und sich zu anderen Feuchtstandorten oder zu Waldgesellschaften entwickeln.

Zunächst wollen wir die Entstehung der Moore betrachten, wobei
sich die Einteilung nach hydrologisch-entwicklungsgeschichtlichen Typen als sinnvoll erweist.

Wissenschaftler ordnen Moore nach ihrer Entwicklungsgeschichte
verschiedenen Kategorien zu, die wiederum nach ökologischen Kriterien

unterteilt werden. Weniger differenziert, aber allgemein üblich, ist die Einteilung in Nieder-, Zwischen- und Hochmoore.

Nieder- oder Flachmoore zeichnen sich dadurch aus, daß sie engen Kontakt zum Grundwasser haben. Daher ist die Vegetation immer ausreichend mit Feuchtigkeit, Mineral- und Nährstoffen versorgt, was üppiges Pflanzenwachstum und eine hohe Artenvielfalt hervorbringt. Der Niedermoortorf entsteht vorwiegend aus Schilf, Seggen und Erlen. Die Dicke der Torfschicht beträgt mindestens 30 Zentimeter. Da Flachmoore von Grundwasseransammlungen und dadurch von der Geländegestalt abhängig sind, werden sie auch als topogen bezeichnet.

Je nachdem, in welcher Landschaft sich die deutschen Niedermoore befinden, werden sie von der einheimischen Bevölkerung Ried, Fehn oder Bruch genannt.

Zwischenmoore stellen das Übergangsstadium zwischen Nieder- und Hochmooren dar. Man kann sie auch als extrem nährstoffarme Flachmoore bezeichnen. Die oberste Humusschicht wird schon nicht mehr vom Grundwasser beeinflußt. Daher sinkt die Mineralstoffversorgung, und es treten typische Hochmoorpflanzen wie Torfmoose auf. Zwischenmoore liegen häufig in direkter Nachbarschaft oder in den Randzonen von Hochmooren. Die Dicke der Torfschicht beträgt über 50 Zentimeter. Man unterscheidet waldfreie von bewaldeten Zwischenmooren. Letztere enthalten im Torf neben den typischen Moorpflanzen zusätzlich Blatt- und Nadelstreureste von Birken, Buchen, Erlen und Kiefern.

Viele der hier als Zwischenmoore bezeichnete Moortypen werden von anderen Autoren als Niedermoore im weitesten Sinne angesehen. Solche abweichenden Bezeichnungen sind aber nur eine Frage der Namensgebung, beschreiben also dieselben Biotoptypen.

Hochmoore haben den Kontakt zum Grundwasser vollständig verloren. Mit Wasser und Nährstoffen werden sie ausschließlich über die Niederschläge versorgt. Daher kommen sie bevorzugt in feuchten Klimazonen der gemäßigten Breiten vor, wo die Niederschlagsmenge die Menge des verdunstenden Wassers übersteigt. Charakteristische Zeigerpflanzen sind die Torfmoose, die die Haupttorfbildner sind. Ihren Namen haben die Hochmoore nicht etwa erhalten, weil sie in besonders hohen Lagen vorkommen, sondern weil sie im Zentrum stärker wachsen als am Rande und somit die typische uhrglasförmige Wölbung erhalten.

Hochmoore werden besonders im süddeutschen Raum auch als Moos oder Filz bezeichnet, was sehr treffend die Beschaffenheit der Vegetation charakterisiert.

Die hydrologischen Moortypen

Die Einteilung in Nieder-, Zwischen- und Hochmoore gibt nur einen groben Überblick über die verschiedenen Moorarten und deren Eigenschaften. Die Differenzierung nach entwicklungsgeschichtlichen Gesichtspunkten hingegen ermöglicht eine Unterscheidung von acht Moortypen. Die verschiedenen Entwicklungstypen beruhen auf den Unterschieden im Wasserhaushalt, die wiederum vom Klima, vom Untergrund und von der umgebenden Landschaft abhängen.

Versumpfungsmoore, Hangmoore, Quellmoore, Überflutungsmoore und Verlandungsmoore sind primäre Moorformen und entsprechen den als Niedermooren bezeichneten Lebensräumen. Durchströmungs- und Kesselmoore sind sogenannte sekundäre Moore und als Zwischen- oder Übergangsmoore anzusehen. Den Hochmooren gleichgestellt werden die Regenmoore, die meistens als tertiäre Moore aus den Zwischenformen hervorgehen.

Versumpfungsmoore

Sie entstehen in natürlichen Niederungen und Tälern, in denen durch einen Anstieg des Grundwasserspiegels große Flächen versumpfen. Die großen Versumpfungsmoore haben ihren Ursprung in der Späteiszeit vor etwa 10'000 bis 12'000 Jahren. Der Torf liegt direkt dem mineralhaltigen Boden auf. Nach längeren Regenperioden oder nach der Schneeschmelze kann es zu einer Überflutung der Moorfläche, bei extrem trockener Witterung zu einem Absinken des Grundwasserspiegels kommen. Aufgrund dieser Wasserpegelschwankungen ist der Nährstoffeintrag relativ groß. Daher sind Versumpfungsmoore gewöhnlich recht nährstoffreich.

Hangmoore

Auf meist flach geneigten Hängen, die permanent mit mineralstoffhaltigem Wasser berieselt werden, können sich Hangmoore bilden. Ihr Wachstum erfolgt, dem herabfließenden Wasser entgegen, von unten nach oben. Innerhalb des Moores kommt es hangabwärts häufig zu einer zunehmenden Nährstoffverarmung, da nur die unteren Moorbereiche von den Niederschlägen mit Nährstoffen versorgt werden.

64

Quellmoore

Diese meist flächenmäßig kleinen Moore entstehen an den Austrittsstellen von Grundwasser (Quellen), vor allem am Fuße von Hängen. Sie stehen häufig in Verbindung mit anderen Moortypen.

Überflutungsmoore

Dieser Moortyp entsteht durch regelmäßige Überflutungen, wie sie in Auen, aber auch in Küstenregionen auftreten. Besonders bei Fließgewässern mit geringem Gefälle können sich solche Moore bilden. Durch die regelmäßige Ablagerung von Sedimenten ist die Nährstoffversorgung sehr gut, und es entstehen eutrophe (nährstoffreiche) Moore.

Verlandungsmoore

Diese Moore entstehen durch die Verlandung eines Sees. Drei verschiedene Vorgänge bewirken den Verlandungsprozeß. Durch das Abrutschen von Erd- und Gesteinsmaterial am Ufer wird das Gewässer vom Rande her aufgefüllt. Diese Erdmassen werden durch Kalk gefestigt, der sich in einem biochemischen Prozeß aus Algen und Wasserpflanzen bildet. Im Rahmen ihres Stoffwechsels entziehen die Pflanzen dem im Wasser gelösten Hydrogenkarbonat das Kohlendioxid. Dabei entsteht Kalk, der sich als sogenannte Seekreide am Gewässergrund absetzt. Durch diesen Vorgang wurde der Seeboden besonders in kalkreichen, sauberen Gewässern über die Jahrhunderte deutlich angehoben, was die Verlandung beschleunigt. Der dritte zur Verlandung beitragende Prozeß ist der Biomassenzuwachs vom Ufer her, durch organisches Material in Form von abgestorbenen Pflanzenteilen. Diese Art der Verlandung spielt besonders in nährstoffreichen Gewässern eine Rolle. Durch die Verringerung der Wassertiefe werden Pflanzengesellschaften, die an bestimmte Wasserpegel gebunden sind, immer weiter zur Gewässermitte hin verschoben, bis schließlich die offene Wasserfläche vollständig verschwunden ist.

Durchströmungsmoore

Dieser Moortyp entwickelt sich sekundär auf Verlandungs-, Versumpfungs-, Hang- oder Quellmooren, wenn die Wasserversorgung entweder durch einen erhöhten Grundwasserspiegel oder durch vermehrte Niederschläge verstärkt wird. Viele Durchströmungsmoore entstanden daher vor etwa 7000 bis 8000 Jahren, als das Klima feuchter wurde. Wie ihr Name sagt, werden diese Moore von einem (Grundwasser-) Strom durchflossen. Sie bilden sich vor allem auf geneigten Flächen und in Tälern, wo sie große Niederungen ausfüllen können.

Kesselmoore

Kesselmoore bilden sich sekundär auf Versumpfungsmooren. Sie sind gewöhnlich sehr klein und nehmen Flächen von weniger als einem Hektar ein. Man vermutet, daß sie sich nach der Eiszeit dort gebildet haben, wo Eisblöcke vergraben waren und langsam abzuschmelzen begannen. Kesselmoore sind immer nährstoffarm. In feuchten Jahren werden sie vom Grundwasser versorgt, und das Torfmooswachstum schreitet schnell voran. In trockenen Perioden sacken sie etwas zusammen und werden vorwiegend von Regenwasser ernährt. Während dieser Trockenphasen können sich Gehölze ansiedeln, die aber in der nächsten feuchten Periode wieder absterben. Wegen der relativ geringen Größe können diese Moore nicht ausschließlich durch die Versorgung mit Regenwasser existieren.

Regenmoore

Regenmoore werden ausschließlich von Niederschlägen gespeist und sind daher mehr als alle anderen Moortypen vom Klima abhängig. Regenmoore können nur wachsen, wenn die Niederschlagsmenge größer ist als die Menge des verdunstenden und abfließenden Wassers. Die in ihnen lebenden Pflanzen müssen ihre Nährstoffe aus dem Regenwasser herausfiltern. Diese besonderen Lebensbedingungen erfordern entsprechende Anpassungen der Vegetation. Daher treten – im Vergleich zu den anderen Mooren – wenige, aber dafür hochspezialisierte Arten auf.
  Die Verbreitung der Regenmoore ist abhängig von Niederschlagsmenge, Temperatur und Geländeform, die wiederum die Menge des ablaufenden Wassers bestimmt. Je nach Beschaffenheit dieser einzelnen Faktoren können sich unterschiedliche Formen von Regenmooren bilden.

Deckenmoore erlangen nur relativ geringe Torfmächtigkeiten. Sie kommen in Klimaten mit einer ausgeglichenen Verteilung der Niederschläge, mit milden, frostarmen Wintern und kühlen Sommern vor, in bergigem Gelände, wo sie Hügel und Täler gleichermaßen überziehen. Man findet sie in den niederschlagsreichsten Gegenden im äußersten Nordwesten Europas.

Planregenmoore haben das gleiche Verbreitungsgebiet wie die Deckenmoore, bevorzugen jedoch Ebenen und bilden nur einen leicht aufgewölbten Torfkörper aus. Sie werden auch atlantische Regenmoore genannt.

Klassische Hochmoore gibt es im nördlichen Mitteleuropa in Gebieten,
die nicht unter ozeanischem Einfluß stehen. Diese Moore bilden die
typische uhrglasförmige Gestalt aus. Die Aufwölbung kann mehrere
Meter betragen. Der äußere Bereich ist mehr oder weniger stark geneigt
und wird daher als Randgehänge bezeichnet. In Zeiten ergiebiger Niederschläge, wenn das Moor wassergesättigt ist, fließt das überschüssige
Wasser in regelrechten Abflußbahnen ab, die das Randgehänge durchziehen.
Als Plateauregenmoor bezeichnet man das Gebiet im Zentrum des Moores, das im Gegensatz zum Randgehänge flach ist. Hier entstehen wassergefüllte Senken, sogenannte Kolke. Nehmen sie größere Flächen ein,
nennt man sie Blänken.
Das Randgehänge selber ist manchmal recht trocken und oft mit zwerg-
wüchsigen Gehölzen bewachsen. Zwischen dem Randgehänge und dem
Mineralboden befindet sich eine sehr nasse Grenzzone, in der sich sogar
Seen bilden können. Dieser eigentliche Moorrand wird als Lagg bezeichnet.

Kermimoore sind typisch für Nordeuropa. Bei diesen Mooren nehmen
die Randgehänge immer größere Flächen ein, so daß der flache Bereich
in der Mitte nach und nach schrumpft. Die Mooroberfläche steigt also
kontinuierlich an und nimmt eine schwach kuppelförmige Gestalt an. Im
Zentrum bilden sich oft größere Kolke aus.

Strang- oder Blänkenmoore sind riesige Moorkomplexe, die aus Kermi-
mooren zusammengewachsen sind. Die in den Zentren gelegenen Kolke
schließen sich zu ausgedehnten Blänken zusammen.

Zuletzt seien noch zwei Moortypen erwähnt, die ausschließlich in kalten
Klimazonen vorkommen.
    Von Regenwasser gespeiste Torfkörper, die sich inselartig verteilt in
Mooren entwickeln und von mineralhaltigem Wasser versorgt werden,
bezeichnet man als Inselhochmoore. In flachen Gebieten sind sie unregelmäßig verteilt. Befinden sich diese Moorzonen aber in Hanglage,
ordnen sich die inselartigen Regenmoore parallel zum Hang in erhabenen Strängen an, so daß ein Terrassenmuster entsteht. Bei den Mooren in

den Senken handelt es sich um mineralreiche Standorte. Sie werden auf finnisch «Rimpis» und auf schwedisch «Flarke» genannt. Moorgebiete mit solchen Senken und dazwischen liegenden, aufgewölbten Strängen werden Aapamoore genannt. Aapamoore findet man an der nördlichen Verbreitungsgrenze der Regenmoore in kaltgemäßigten Zonen. Die Aufwölbung kommt durch den Ausdehnungsdruck des gefrierenden Bodenwassers auf der Mooroberfläche zustande.

Palsenmoore treffen wir ausschließlich in Gebieten an, deren mittlere Jahrestemperatur unter $-1\,^\circ$C liegt. Sie entstehen durch das Anwachsen der Aapamoorstränge zu meterhohen Torfhügeln, den Palsen. Diese Moore kommen im sogenannten Permafrostbereich auf den arktischen Dauerfrostböden vor. Das Wachstum dieser Torfhügel wird durch das Eis im Innern des Hügels bewirkt. An Stellen mit dünner Schneebedeckung dringt der Frost tiefer in den Hügel ein und bildet einen Eiskern. Da dieses Eis alles in der Umgebung befindliche Wasser anzieht, vergrößert sich der Permafrostkern Jahr für Jahr und mit ihm der Torfhügel. Die Palsen können eine Länge von bis zu 30 Metern, eine Breite von 20 Metern und eine Höhe von drei Metern erreichen. Je größer sie werden, desto ungünstiger sind die Lebensbedingungen für Pflanzen. Im oberen Bereich sind die Torfhügel meist bis auf einige Flechten frei von jeglicher Vegetation.

Das Torfprofil

Im vorangegangenen Kapitel haben wir erfahren, wie und wo verschiedene Moortypen entstehen können. Doch auch ohne viel über die Entwicklung der Landschaft zu wissen, kann man direkt aus dem Torfprofil die Entwicklungsgeschichte des Moores und somit Informationen über die vergangenen Jahrtausende ablesen.

Abhängig davon, wie dicht die Torfschichten abgelagert werden, kann der jährliche Zuwachs unterschiedlich groß sein. Durchschnittlich beträgt er bei mitteleuropäischen Mooren 0,5 bis 1,5 Millimeter.

Die tiefgründigsten Moore Europas findet man in Spanien mit einer Torfmächtigkeit von 70 Metern und in Griechenland mit 200 Metern. Diese Gebiete wurden von der letzten Eiszeit verschont, so daß die Moore auf eine wesentlich längere Entwicklungsgeschichte zurückblicken können. In der Tiefe gehen diese Torfablagerungen allmählich in Braunkohlen über, die noch viel älter sind. Nur die obersten Torfschichten sind nacheiszeitlich entstanden, wie die meisten mitteleuropäischen Moore. Diese besitzen eine maximale Torfmächtigkeit von 13 Metern. Legt man einen senkrechten Schnitt an der Torfschicht an, kann man an dem sichtbar gewordenen Profil die Entwicklung des Moores genau ablesen.

In Gebieten, wo heute noch Torfabbau erfolgt, kann auch ein Spaziergänger diese Torfprofile sehen.

Bevor man solch ein Torfprofil interpretiert, muß man sich zunächst verdeutlichen, wie Torf überhaupt entsteht. Fast jeder hat wohl schon einmal den in Plastiksäcken abgepackten Gartentorf gesehen und angefaßt. Bei genauer Betrachtung sind Reste der Pflanzen erkennbar.

Die unvollständige Zersetzung des abgestorbenen Pflanzenmaterials ist charakteristisch für diese Humusform der Moore. Torf bildet sich nur in feucht-kühlen Klimaten mit bodenüberstauendem, nährstoffarmem Wasser. Sauerstoff- und Mineralstoffmangel sowie niedrige Temperaturen und das saure Milieu hemmen den mikrobiellen Abbau der Pflanzenstreu. Huminsäuren verleihen dem Torf und dem Moorwasser die gelbbraune bis schwarze Färbung. Diese Huminsäuren entstehen bei der Humifizierung. Sie sind schwer zersetzbar, reichern sich im Boden an und geben ihm einen sauren Charakter.

Die Torfbildung im Moor ist also eine Art unvollständige Humifizierung, da das organische Material nur teilweise abgebaut wird. Wegen seines hohen Energiegehaltes ist Torf ein wertvolles Brennmaterial. In vielen Ländern, wie zum Beispiel Irland oder Sibirien, wird Torf als Brennstoff gestochen. Bei einer vollständigen Humifizierung werden die abgestorbenen Pflanzen durch Mikroorganismen unter Sauerstoffverbrauch abgebaut. Dabei werden Kohlendioxid, Wasser und Energie frei. Im Torf dagegen werden die Pflanzen aufgrund des Sauerstoffmangels nur teilweise zersetzt, so daß ein großer Teil der in ihnen gebundenen Energie erhalten bleibt. Daher ist der Brennwert von Torf recht hoch.

Ein Torfprofil kann wie folgt aussehen: Als unterste Schicht findet man die Sedimentablagerung des ehemaligen Gewässerbodens. Die erste Torfschicht besteht aus Seggen- und Schilfresten, die aus der Verlandungsphase eines Gewässers stammen. In der darüberliegenden Schicht gesellen sich Reste von Wollgräsern dazu. Die Hochmoorbildung ist daran zu erkennen, daß dicke Torfschichten durchzogen mit stark zersetzten Torfmoosen folgen. Dieses Material wird als Schwarztorf bezeichnet. Hier aufgelagert folgt als oberste Schicht der Weißtorf, welcher aus weniger zersetzten Torfmoosresten besteht und die lebende und wachsende Vegetationsschicht des Moores trägt. Hat sich auf dem Moorboden ein Bruchwald gebildet, ist der Torf zusätzlich mit Blättern und Nadeln der Bäume durchsetzt.

Die ökologischen Moortypen

Begibt man sich nun vor Ort, um eine intakte Moorlandschaft zu durchwandern und zu erleben, wird man feststellen, daß nicht immer leicht zu erkennen ist, um welche Art von Moor es sich handelt. Möchte man die Moore nach ihrer ökologischen Bedeutung klassifizieren, hilft die Vegetation, Informationen über den Nährstoffgehalt und das Säure-Basen-Verhältnis zu erhalten, was wiederum Aufschluß über die Entstehungsgeschichte dieser Moorlandschaft gibt. Je nachdem, wie diese Komponenten beschaffen sind, bilden sich charakteristische Pflanzengesellschaften aus.

Bezüglich ihres Nährstoffgehaltes unterscheidet man drei Stufen: nährstoffarm (= oligotroph), mäßig nährstoffarm (= mesotroph) und nährstoffreich (= eutroph).

Das Säure-Basen-Verhältnis wird in einer bestimmten Einheit, dem sogenannten pH-Wert, angegeben. Dieser Wert gibt an, wieviele Wasserstoffionen im Wasser, in diesem Fall im Moorwasser, gelöst sind. Je höher die Konzentration der Wasserstoffionen ist, desto kleiner ist der pH-Wert und um so «saurer» ist die Lösung. Die Skala des pH-Wertes reicht von 0 bis 14. Werte unter 7 geben saures, Werte über 7 basisches (= alkalisches) Milieu an. Reines Wasser hat einen pH-Wert von genau 7, d.h., es ist neutral. Je mehr sich die Werte gegen 0 bzw. 14 bewegen, desto saurer oder basischer ist die Lösung.

Das Moorwasser wird in drei verschiedene pH-Zonen unterteilt. Saure Moore besitzen einen pH-Wert von unter 4,8. Schwach saure Moore haben pH-Werte von 4,8 bis 6,4. Bei den alkalischen Mooren liegen die Werte oberhalb von 6,4 bis maximal 8. In diesen Mooren ist gewöhnlich Kalk enthalten. Theoretisch könnte man nun die jeweils drei Nährstoff- und drei pH-Stufen beliebig miteinander kombinieren und würde demzufolge neun verschiedene Kombinationsmöglichkeiten erhalten. Aufgrund der vegetationskundlichen Klassifizierung kann man aber tatsächlich nur fünf ökologische Moortypen unterscheiden:

1. Reichmoore
2. Kalk-Zwischenmoore
3. Basen-Zwischenmoore
4. Sauer-Zwischenmoore
5. Sauer-Armmoore

Im folgenden werden die fünf verschiedenen ökologischen Moortypen näher beschrieben und die typischen Pflanzen und Tiere vorgestellt.

Dabei muß berücksichtigt werden, daß sich die Ausführungen nur auf ursprünglich erhaltene Standorte beziehen. In den letzten Jahrhunderten wurden jedoch die meisten Feuchtstandorte wie Moore und Naßwiesen durch den Menschen verändert (vor allem entwässert), so daß sich neue Pflanzengesellschaften ausgebildet haben. Auf die anthropogenen Einflüsse und deren Folgen wird aber später noch näher eingegangen.

Reichmoore

Reichmoore sind reich an Nährstoffen und entsprechen etwa den Nieder- oder Flachmooren. Da sie in ständigem Kontakt zum Grundwasser stehen, bezeichnet man sie auch als geogen. Die meisten der heute noch wachsenden torfbildenden Moore sind Reichmoore. Durch die übermäßige Düngung in der Landwirtschaft werden über die Luft wie auch durch das Wasser Nähr- und Mineralstoffe in nahezu alle Ökosysteme eingetragen. Aus diesem Grund wird im Gegensatz zu nährstoffarmen Mooren die Bildung eutropher Moore heutzutage gefördert. Früher herrschte dieser Nährstoffreichtum nur in Quellgebieten und vor allem in den Überflutungsgebieten der Flußauen und der Küstenstreifen. Naturnahe Quell- und Überflutungsmoore gibt es nur noch selten. Dagegen zählen auch Verlandungsmoore und Kleinstmoore in Wäldern und in der Ackerlandschaft wegen des erhöhten Nährstoffeintrags ebenso wie Hang- und Versumpfungsmoore zu den eutrophen Mooren.

Die Pflanzen der Reichmoore

Je nach Entwicklung des jeweiligen Flachmoortyps bilden sich unterschiedliche Pflanzengesellschaften aus. Die Verlandung eines Gewässers beginnt mit der Entstehung von Schilfröhricht. Diese erste Phase der Moorbildung aus ehemaligen Gewässern wird aus vegetationskundlicher Sicht schon zu den Niedermooren gezählt. Schilf (*Phragmites australis*) wächst schon ab einer mittleren Wassertiefe von 1,2 bis zwei Metern und ist bezüglich der Standortbedingungen sehr anspruchslos: Es gedeiht in sauren und in kalkreichen, in nährstoffarmen und eutrophen Gewässern und wurzelt sogar auf Boden, der zeitweilig über dem Wasserspiegel liegt. Das Schilfröhricht ist eine artenarme Pflanzengesellschaft. Die bis zu 3,5 Meter hoch werdenden Schilfpflanzen verringern den Lichteinfall am Boden auf weniger als ein Prozent, so daß kaum andere Arten hier bestehen können. Eine Ausnahme ist der Rohrkolben (*Typha latifolia*). Diese Pflanze verbreitet sich gut durch Samen, im Gegensatz zum Schilf, das sich vorwiegend vegetativ vermehrt. Daher kann der Rohrkolben erfolgreich nackte Schlammböden besiedeln. In ruhigen Gewässern trifft man die Teichbinse (*Schoenoplectus lacustris*) an. Sie siedelt sich noch vor dem Schilf an, da ihre grünen Stengel auch bei Überflutung unter Wasser die Photosynthese durchführen können. In bewegtem Wasser mit starkem Wellengang wächst sie nicht, da ihre Halme nicht so knickfest sind wie die Schilf- und Rohrkolbenhalme.

Die alljährlich absterbenden Röhrichtpflanzen füllen den Gewässerboden mit organischem Material auf. Dieser neu gewonnene Boden fällt immer häufiger trocken und bietet weniger wasserbedürftigen Pflanzen, die empfindlicher auf Überschwemmungen reagieren, neuen Lebensraum. Hier bildet sich ein Großseggenried. Je nach Dauer und Höhe der Überstauung mit Wasser dominiert eine bestimmte Seggenart, nach der dann die Pflanzengesellschaft genannt wird. Solche Charakterarten sind die Steifsegge (*Carex elata*), die Schlanksegge (*Carex gracilis*) und die Schnabelsegge (*Carex rostrata*). Das Steifseggenried hält die größten Wasserstandschwankungen aus. Man findet es vorwiegend im Alpenvorland und in Südosteuropa. Die Steifsegge wächst in aufgewölbten Polstern, den sogenannten Bulten, die bei Überschwemmung wie Buckel aus dem Wasser herausragen. Schlankseggenriede gibt es eher im nordöstlichen Mitteleuropa. Die Schlanksegge bildet keine Bulte aus, sondern wächst in gleichmäßigen Rasen. In relativ nährstoffarmen Seen entstehen die Schnabelseggenriede. Die Schnabelsegge findet man sogar in Kolken und am Rande von Armmooren, wo Schilfröhrichte aus Nährstoffmangel gänzlich fehlen.

Von den zahllosen anderen Seggenarten, die in Großseggenrieden vorkommen, sei hier nur die häufige Blasensegge (*Carex vesicaria*) genannt. Ebenfalls in Ufernähe wachsen viele blütenreiche Hochstauden, beispielsweise die Wasserschwertlilie (*Iris pseudocorus*), der Sumpfhaarstrang (*Peucedanum palustre*), der Gewöhnliche Gilbweiderich (*Lysimachia vulgaris*) und das Sumpfgreiskraut (*Senecio paludosus*). Die Schwertlilie hat als eine besondere Anpassung an das Leben im und am Wasser Schwimmfrüchte ausgebildet. Die Samen sind Lichtkeimer, können also überall dort, wo sie einen geeigneten Lebensraum finden, sofort keimen.

Das letzte Stadium in der Niedermoorbildung stellen die Bruchwälder dar. Sie entstehen auf einer mindestens zehn bis 20 Zentimeter dicken Torfschicht. Im Frühjahr nach der Schneeschmelze wird der Boden regelmäßig überschwemmt und bleibt ganzjährig feucht bis naß. Je nach Nährstoff- und Kalkgehalt entwickeln sich unterschiedliche Bruchwälder: Erlen-, Birken-, Kiefern- oder Fichtenbruchwälder. Auf extrem nassen Böden mit basenreichem Grundwasser gedeihen nur die Schwarzerle (*Alnus glutinosa*) und verschiedene Weidenarten. Dazwischen findet man die Schwarze Johannisbeere (*Ribes nigrum*). Mit zunehmendem Säuregehalt des Wassers weicht die Schwarzerle zugunsten der Moorbirke (*Betula pubescens*) und der Kiefer (*Pinus sylvestris*) zurück. Welche Art dominiert, hängt von der geographischen Lage ab. Besonders im Voralpenland siedeln sich Fichten (*Picea abies*) in Bruchwäldern an und können dort die Überhand gewinnen.

Ursprüngliche Bruchwälder sind heute sehr selten. Die meisten wurden schon vor Jahrhunderten in landwirtschaftliche Nutzflächen umgewandelt. Ehemalige Bruchwaldstandorte, die durch gelegentliche Mahd vor einer Wiederbewaldung geschützt werden, bieten wiederum den Kleinseggenrieden der Zwischenmoore eine Lebensgrundlage.

Kalk-Zwischenmoore

Kalkmoore entstanden über Kalkgestein im Gebirge oder in kalkreichen Moränenlandschaften, meist in Form von Quell-, Verlandungs- oder Durchströmungsmooren. Je nach Nährstoffgehalt des Grundwassers bilden sich auf dem kalkreichen Torf verschiedene typische Pflanzengesellschaften aus. Beispiele hierfür sind der Kopfbinsenrasen und der Davallseggenrasen. Sie lassen sich den sogenannten Kalk-Kleinseggen-Gesellschaften zuordnen. Diese wachsen häufig auf Quellmooren, auf denen sich wegen der großen Nässe keine Bäume halten können. Sie können sich aber auch aus abgeholzten Bruchwäldern entwickeln und werden durch gelegentliche Mahd baumfrei gehalten. Kalk-Kleinseggen-Rasen nehmen stets nur kleine Flächen ein. Sie sind in den Alpen und im südlichen Mitteleuropa zu finden. Die Pflanzengesellschaft setzt sich vorwiegend aus kleinwüchsigen Sauergräsern zusammen.

Typische Arten sind die Torfsegge (*Carex davalliana*), die Braune Segge (*Carex nigra*), das Breitblättrige Wollgras (*Eriophorum latifolium*), das Schwarze Kopfried (*Schoenus nigricans*), das Rostrote Kopfried (*Schoenus ferrugineus*) und das Schneidried (*Cladium mariscus*). Aber nicht nur die Sauergräser, sondern auch zarte, bunt blühende Pflanzenarten, unter denen sich einige Besonderheiten finden, prägen die Vegetation der Kalk-Zwischenmoore.

Das Gemeine Fettkraut (*Pinguicula vulgaris*) gehört zu den Insektivoren, die üblicherweise als fleischfressende Pflanzen bezeichnet werden. Mit der Verwertung tierischen Eiweißes können sie das Defizit an Nährstoffen im Substrat ausgleichen. Die Blätter des Fettkrauts sind in einer Rosette angeordnet und liegen dem Untergrund auf. Die Oberseite der Blätter ist mit zahlreichen, winzigen Drüsen besetzt, wobei man gestielte Drüsen von solchen, die dem Blatt direkt aufliegen, unterscheidet. Auf jeder gestielten Drüse befindet sich ein Tropfen einer klebrigen Flüssig-keit, die wie Tau aussieht. Kleine Insekten, die sich auf dem Blatt nieder-lassen, bleiben an diesen Klebedrüsen hängen. Sobald ein Tier gefangen ist, beginnen sich die Blätter vom Rande her einzurollen. Gleichzeitig produzieren die direkt auf dem Blatt sitzenden Drüsen ein eiweißver-dauendes Enzym, das die Opfer in ein bis zwei Tagen auflöst. Die so aufgeschlossenen Nährstoffe werden von der Pflanze über die Blattober-fläche aufgenommen. Danach rollt sich das Blatt wieder auf, und die leere Chitinhülle des Insekts wird vom Regen abgewaschen.

Weitere charakteristische Pflanzen der Kalkmoore sind die Mehlpri-mel (*Primula farinosa*), der Schlauchenzian (*Gentiana utriculosa*), die Ge-wöhnliche Simsenlilie (*Tofieldia calyculata*) und das Sumpfherzblatt (*Par-nassia palustris*). Diese Arten kommen nur in gebirgigen und voralpinen Gebieten häufig vor. Der Fieberklee (*Menyanthes trifoliata*), das Blutauge (*Potentilla palustris*) und das Schmalblättrige Wollgras (*Eriophorum angu-stifolium*) wachsen auch im Basen-Zwischenmoor und im Sauer-Zwi-schenmoor.

Noch nährstoffärmer als die Kalk-Kleinseggenriede sind die boden-sauren Kleinseggenriede. Sie zeichnen sich schon durch ein flächendek-kendes Wachstum von Torfmoosen aus, wodurch sich trotz des hohen Kalkgehaltes eine pH-Absenkung einstellt. Torfmoose sind in der Lage, den pH-Wert des sie umgebenden Milieus zu senken. Dieser Vorgang wird im Kapitel über die Pflanzen der Armmoore genauer beschrieben. Die bodensauren Kleinseggenriede leiten in niederschlagsreichen Gebie-ten häufig die Bildung von Regenmooren ein.

Basen-Zwischenmoore

Ursprünglich lagen echte Basen-Zwischenmoore in den großen Talnie-derungen der Durchströmungsmoore. Diese basenreichen, aber noch nicht kalkhaltigen Moore besitzen eine vielfältige Vegetation. Man findet dort verschiedene Laubmoose und Seggen sowie auffallende, seltene Orchideen. Diese laubmoosreichen Seggenriede wurden jedoch in den letzten Jahrhunderten häufig Opfer mehr oder weniger starker Entwäs-serungsmaßnahmen. In der Folge entwickelten sich viele verschiedene Typen von Moorwäldern oder Feuchtwiesen, denen wir später noch begegnen werden.

Die Basen-Zwischenmoore zeichnen sich durch eine hohe Artenviel-falt aus. In der Bodenschicht findet man zahlreiche verschiedene Arten von Laubmoosen. Zu den Laubmoosen zählen fünf verschiedene Grup-pen von Moospflanzen, zu denen auch die Torfmoose gehören. Die

Pflänzchen der verschiedenen Gruppen können fädig verzweigt sein oder Stengel mit blattähnlichen Auswüchsen entwickeln. Andere Arten bilden filzige Überzüge. Häufige Großseggen sind die Steifsegge (*Carex elata*), die Schwarzschopfsegge (*Carex appropinquata*), die Rasensegge (*Carex caespitosa*) und die Sumpfsegge (*Carex acutiformis*). Von den kleineren Seggenarten wachsen in den Randbereichen die Fadensegge (*Carex lasiocarpa*), die Drahtsegge (*Carex diandra*), die Schnabelsegge (*Carex rostrata*), die Zweihäusige Segge (*Carex dioica*), die Blaugrüne Segge (*Carex flacca*) und die Braune Segge (*Carex nigra*), um nur einige Arten zu nennen.

Zu den Kleinodien unserer Vegetation zählen die Orchideen. Einige Arten findet man in den Basen-Zwischenmooren, wie z.B. das Fleischrote Knabenkraut (*Dactylorhiza incarnata*), das Breitblättrige Knabenkraut (*Dactylorhiza majalis*), die Sumpfwurz (*Epipactis palustris*), das Torf-Glanzkraut (*Liparis loeselii*) und die Große Händelwurz (*Gymnadenia conopsea*).

Orchideen reagieren extrem empfindlich auf Standortveränderungen, insbesondere auf Trockenlegung oder Überdüngung. Sie sind an nährstoffarme Lebensräume angepaßt und leben mit bestimmten Pilzarten in einer Symbiose. Schon die Keimung der winzigen Orchideensamen ist von der Existenz dieser Pilze abhängig. Zur Bestäubung der Blüten benötigen die Pflanzen bestimmte Insekten. Werden nun durch den Einsatz von Pestiziden die Insekten oder die Pilze vernichtet, können auch die Orchideen nicht mehr existieren.

In Basen-Zwischenmooren können sich auf Standorten, die zeitweise einer oberflächlichen Austrocknung unterworfen sind, strauchartige Waldgesellschaften entwickeln. Zunächst siedeln sich Arten wie die Niedrige Birke (*Betula humilis*), die Moorbirke (*Betula pubescens*), die Kriechweide (*Salix repens*), die Lorbeerweide (*Salix pentrandra*) und die Grauweide (*Salix cinerea*) an. Werden diese Standorte noch stärker entwässert, d.h., sinkt der Grundwasserspiegel auf 50 Zentimeter Tiefe und mehr ab, werden sie nach und nach von Kiefern (*Pinus sylvestris*), Stieleichen (*Quercus robur*) und schließlich sogar Rotbuchen (*Fagus sylvatica*) abgelöst.

Sauer-Zwischenmoore

Zu diesen Mooren gehören nährstoffarme Standorte mit relativ niedrigem pH-Wert. Hier wachsen die auch für Armmoore typischen Torfmoose, die im folgenden Kapitel näher beschrieben werden. Ein Sauermoor unterscheidet sich von einem Armmoor dadurch, daß noch Kontakt zu mineralhaltigem Grundwasser besteht und sich daher sogenannte Mineralbodenwasseranzeiger ansiedeln können. Dazu gehören zahlreiche Seggen- und Binsenarten sowie der Fieberklee (*Menyanthes trifoliata*), das Blutauge (*Potentilla palustris*), die Sumpfcalla (*Calla palustris*), das Schmalblättrige Wollgras (*Eriophorum angustifolium*), das Sumpfveilchen (*Viola palustris*) und der Gemeine Wassernabel (*Hydrocotyle vulgaris*). Die Sumpfcalla oder Schlangenwurz gehört zu den Aronstabgewächsen. Der Blütenkolben ist von einer weißlichen Blattscheide umgeben. Die auffallend roten Beeren sind giftig. Die am häufigsten in den Sauer-Zwischenmooren anzutreffenden Seggenarten sind die Schlammsegge (*Carex limosa*), die Grausegge (*Carex canescens*), die Schnabelsegge (*Carex rostrata*), die Fadensegge (*Carex lasiocarpa*), die Steifsegge (*Carex elata*) und die Braune Segge (*Carex nigra*).

Außerdem findet man die Blasenbinse (*Scheuchzeria palustris*), die Weiße Schnabelbinse (*Rhynchospora alba*), die Flatterbinse (*Juncus effusus*), die Fadenbinse (*Juncus filiformis*) und die Spitzblütige Binse (*Juncus acutiflorus*).

Für wiesenähnliche Zwischenmoor-Gesellschaften sind Moorwiesenpflanzen wie der Lungenenzian (*Gentiana pneumonanthe*) charakteristisch. Der Lungenenzian ist eine der wenigen Enzianarten, die hauptsächlich im Flachland vorkommen. Die großen, trichterförmigen Blüten werden vorwiegend von Hummeln bestäubt, die den Nektar vom Boden der Blüte saugen.

Vielerorts trifft man heute in Sauer-Zwischenmooren auch Gebüschgesellschaften an, die sich schließlich zu einem Bruchwald entwickeln. Charakteristische Arten sind hier die Ohrweide (*Salix aurita*), die Moorbirke (*Betula pubescens*), die Kiefer (*Pinus sylvestris*) und die Schwarzerle (*Alnus glutinosa*).

Sauer-Armmoore

Wie der Name schon vermuten läßt, sind diese Moore extrem arm an Nährstoffen. Die zur Erhaltung der Vegetation benötigte Feuchtigkeit wie auch die notwendigen Nährstoffe werden ausschließlich dem Regen- und Schmelzwasser entnommen. Gelegentlich fallen in die Kategorie der Sauer-Armmoore auch solche nährstoffarmen Moore, bei denen noch Kontakt zum Grundwasser besteht. In den meisten Fällen handelt es sich aber hierbei um Regenmoore, die im landläufigen Sinne auch als Hochmoore bezeichnet werden. Regenmoore können sich nur in bestimmten Klimazonen bilden, nämlich in einem gemäßigten humiden Klima, in dem eine ausreichende Versorgung mit Niederschlägen gewährleistet und die Verdunstung möglichst gering ist. Die Vegetationsperiode darf nicht zu kurz sein. Während zu hohe Temperaturen die Moospflanzen schädigen, begünstigt ein kühleres Klima durch die höhere und gleichmäßigere Luftfeuchtigkeit indirekt die Moorbildung.

Hochmoore konnten sich nach der Eiszeit erst entwickeln, als das Klima warm und regenreich genug geworden war. In relativ feuchten Klimazonen bildeten sich die tertiären Regenmoore bevorzugt auf Versumpfungsmooren, in trockeneren Gebieten vorwiegend auf Verlandungsmooren. Genauen Aufschluß über die Entstehungsgeschichte geben nur Untersuchungen des Torfprofils.

Das typische Regen- oder Hochmoor läßt sich in mehrere Zonen unterteilen, die sich sowohl im Wassergehalt als auch in der Vegetation unterscheiden.

Das Zentrum des Moores ist am feuchtesten, da von hier das Wasser nicht oder nur sehr langsam zum Rande hin ablaufen kann. Hier wechseln sich stark mit Wasser durchtränkte oder sogar mit Wasser gefüllte Mulden, die sogenannten Schlenken, mit buckeligen Erhebungen, den Bulten, ab. Die Schlenken haben einen Durchmesser von wenigen Metern und eine Tiefe von einigen Dezimetern. Die Bulte können einen halben bis drei Meter im Durchmesser erreichen. Sie bestehen aus Polstern von gelben, rötlichen oder braunen Torfmoosen und werden von Wollgräsern und Zwergsträuchern besiedelt. Das typische Mosaik aus Schlenken und Bulten bleibt über lange Zeiträume hin erhalten. Früher glaubte man, daß die Mulden allmählich zuwachsen und ein ständiger Wechsel zwischen der Bildung von Bulten und Schlenken stattfindet. Heute jedoch ist bekannt, daß diese Strukturen mit der Moorbildung weiter nach oben wachsen.

Wachsende Hochmoore weisen im Zentrum ein typisches, aus vier Schichten bestehendes Profil auf: Die oberste Schicht besteht aus lebenden Torfmoosen, zwischen denen die Wurzeln der höheren Pflanzen verankert sind. Darunter liegt die graue Schicht der absterbenden Moose, die in sich zusammensinken. Bis hierher findet man noch Wurzelausläufer. Danach folgt eine braun-schwarze Schicht, in der die Torfbildung schon vorangeschritten ist. Die Dunkelfärbung entsteht durch die Bildung von Melanin, einem schwarzen Farbstoff, und Huminsäure, die bei der Zersetzung der pflanzlichen Stoffe entsteht. Die vierte und unterste Schicht ist gelb gefärbt und reich an Schwefelwasserstoff. Dieses nach faulen Eiern stinkende Gas entsteht beim Eiweißabbau unter Sauerstoffabschluß.

In dem sogenannten Randbereich des Moores nimmt die Anzahl und die Größe der Schlenken ab, da hier das Regenwasser schneller ablaufen kann. Dort, wo sich das abfließende Wasser in den Torf schneidet, bilden sich nasse Rinnen mit drainierten Ufern. Diese etwas trockeneren Stellen begünstigen die Ansiedlung von Bäumen. Auf den höheren und damit auch trockeneren Bulten findet man Flechten. Befindet sich das Moor im Randbereich nicht mehr in der Wachstumsphase, nimmt auch der Bestand an heideartigen Pflanzen zu.

Der trockenste Teil des Regenmoores ist das sogenannte Randgehänge, das ziemlich steil zum Randsumpf, der auch als Lagg bezeichnet wird, abfällt. Durch das Randgehänge ziehen sich häufig große Abflußrinnen. Hier wächst schon relativ dichter Wald mit zwergstrauchartigem Unterwuchs. Der Lagg entspricht meistens einem bestimmten Zwischenmoortyp. Gelegentlich trifft man aber auch eine Baumgruppe im Zentrum eines Regenmoores an. Diese Bäume wurzeln immer am Ufer einer besonders großen Schlenke, die Kolk genannt wird. Die Uferzone dieser Kolke hat Bultcharakter und ist häufig sehr steil. Von diesen Steilufern kann das Wasser ähnlich wie in den Randbereichen des Moores besser abfließen, und es entstehen relativ trockene Standorte, an denen einige Baumarten siedeln können.

Pflanzen der Sauer-Armmoore

Die typische torfbildende Pflanzengesellschaft der Sauer-Armmoore ist der Zwergstrauch-Wollgras-Torfmoosrasen. Die Pflanzengruppe, die in Armmooren am häufigsten anzutreffen ist und die diesem Moortyp seine charakteristischen Eigenschaften gibt, ist die Gruppe der Torfmoose (Gattung *Sphagnum*). Es gibt etwa 300 Sphagnum-Arten, von denen die meisten kalkhaltige Böden meiden. Zwei Drittel der über 30 in Mitteleuropa vorkommenden Torfmoos-Arten sind an nährstoffarme und saure Standorte gebunden.

Torfmoose besitzen einige außergewöhnliche Eigenschaften, die ihnen das Leben unter den im Regenmoor herrschenden Bedingungen ermöglichen. Sie können mit Hilfe spezialisierter Zellen, der Hyalocyten, das zwanzig- bis vierzigfache ihres Eigengewichtes an Wasser speichern. Hyalocyten sind große, farblose Zellen, deren Zellwände durch spangenartige Leisten verstärkt werden. Im Pflanzenkörper werden sie von den chlorophyllhaltigen Zellen, die für den Stoffwechsel verantwortlich sind, umschlossen. Für eine ungehinderte Wasseraufnahme besitzen die Hyalocyten spezielle Poren.

Eine weitere Besonderheit der Torfmoose ist ihre Fähigkeit, Ionen auszutauschen. In ihren Zellwänden können sie Alkali- und Erdalkalimetalle wie Kalzium oder Magnesium binden. Im Austausch werden Wasserstoffionen abgegeben, die zu einer Ansäuerung des umgebenden Milieus führen. Auf diese Weise verschlechtern sie die Lebensbedingungen für eventuell konkurrierende höhere Pflanzenarten und können sich so behaupten. Torfmoose sind polsterbildende Pflanzen. Der stengelartige, zarte Pflanzenkörper wächst aufrecht nach oben, wobei die tiefer liegenden Pflanzenteile von der Basis her absterben. Dadurch kommen die dicken, weichen Moospolster zustande, aus denen sich in den tieferen Schichten der Torf bildet. Torfmoose sind primitive Pflanzen, die noch kein für höhere Landpflanzen typisches Stütz- und Leitgewebe ausgebildet haben. Sie können ihren Wasserhaushalt nicht regeln und sind daher überwiegend an nasse oder feuchte Standorte gebunden. Trocknen sie aus, füllen sich die wasserspeichernden Zellen mit Luft und geben dem Pflänzchen eine weißliche Farbe. Daher kommt der geläufige Name Bleichmoos. Die verschiedenen Arten sind für einen Laien kaum zu unterscheiden. Allerdings kann man einige Artengruppen an ihrer Färbung erkennen. Gelblich-grüne Arten leben am Grunde der Schlenken; entweder schwimmen sie vollständig im Wasser oder ragen nur wenige Zentimeter heraus. Weitere Arten sind lebhaft rot oder braun gefärbt und besiedeln die erhabenen Bulten. Einige Torfmoosarten unterschiedlicher Färbung gedeihen besonders gut im Schutz lichter Gehölzbestände, und wieder andere, meist rötliche Arten, haben sich auf Standorte spezialisiert, die etwas stärker abtrocknen.

Da sich innerhalb der Moospolster zwischen den einzelnen Pflänzchen unzählige mit Luft gefüllte Zwischenräume befinden, wirken diese Moospolster stark isolierend. Das führt zu einem speziellen Kleinklima innerhalb der Moore: Bis in den Sommer hinein kann der Moorboden gefroren oder zumindest sehr kalt bleiben, obgleich die Oberfläche durch die Sonneneinstrahlung stark aufgeheizt wird. Auch entwässerter Torf behält seine Eigenschaft als schlechter Wärmeleiter. Entwässerte Moore sind ungeeignet für den Anbau frostempfindlicher Feldfrüchte und Obstarten, da sich der Boden im Wurzelbereich der Pflanzen nicht genügend erwärmt. Bedingt durch die Nährstoffarmut und das saure Milieu, bieten die Sauer-Armmoore nur wenigen höheren Pflanzen geeignete Lebensbedingungen. Aus diesem Grund können die lichtbedürftigen, anspruchslosen Sphagnum-Arten wachsen, ohne von anderen Pflanzen verdrängt oder beschattet zu werden. Trotzdem haben es aber einige höhere Pflanzenarten geschafft, sich anzusiedeln. Sie haben verschiedene Methoden entwickelt, die Mineral-und Nährstoffarmut, die in einem Regenmoor herrscht, zu kompensieren.

Eigentlich sollten durch die laufend absterbenden Moospflänzchen den anderen Pflanzen genügend stickstoffhaltige Nährstoffe zur Verfügung stehen. Damit diese Nährstoffe in einer den anderen Pflanzen zugänglichen Form freigesetzt werden, werden bestimmte Mikroorganismen benötigt, die diese sogenannte Mineralisation bewirken. Die Mikroorganismen können wiederum in dem wassergesättigten Boden und in dem sauren Milieu nicht in ausreichendem Maße bestehen, so daß der Abbau der organischen Stoffe gehemmt ist. Wollen also höhere Pflanzen in diesem Lebensraum gedeihen, müssen sie besondere Tricks anwenden, um den Mineral- und Nährstoffbedarf zu decken. Hierfür gibt es zwei Möglichkeiten. Die eine ist die direkte Aufnahme von stickstoffhaltigen Substanzen, wie bei den insektenfangenden Pflanzen. Sie sind in der Lage, das tierische Protein zu «verdauen». Eine zweite Möglichkeit ist, sich andere Organismen zunutze zu machen, die die benötigten Nährstoffe «frei Haus» liefern. Daher leben zahlreiche höhere Pflanzen mit bestimmten Pilzarten in einer Art Symbiose, der sogenannten Mykorrhiza. Die Pilze umgeben mit ihren Hyphen die Pflanzenwurzeln und sorgen für eine bessere Nutzung der Nährstoffe bzw. leiten diese direkt der höheren Pflanze zu. Die in den Mooren vorkommenden Heidekrautgewächse bilden solche Mykorrhizen.

Einige typische Vertreter der höheren Pflanzen in den Armmooren gehören zur Gruppe der Zwergsträucher, die eine Wuchshöhe von 25 bis 50 Zentimetern nicht überschreiten. Sie sind hauptsächlich in den oberen Bereichen der Bulten anzutreffen.

Die Moosbeere (*Vaccinium oxycoccus*) ist eine immergrüne Pflanze mit sehr kleinen, eiförmigen Blättern und kriechendem Wuchs. Die rosafarbenen Blüten erscheinen im Mai. Die bis zu 1,5 Zentimeter dicken, kugeligen roten Früchte reifen im Herbst und liegen dem Untergrund dicht an, so daß es fast aussieht, als würden sie direkt aus dem Moospolster herauswachsen.

Weitere charakteristische Arten sind die Rosmarinheide (*Andromeda polifolia*) und das Heidekraut (*Calluna vulgaris*) sowie die Glockenheide (*Erica tetralix*) und die Krähenbeere (*Empetrum nigrum*).

Ein typischer Besiedler nährstoffarmer Regenmoore ist der Rundblättrige Sonnentau (*Drosera rotundifolia*). Diese kleine krautige Pflanze gehört zu den Insektivoren, den fleischfressenden Pflanzen. Sie wächst in den Polstern der Torfmoose. Die Blätter stehen in einer grundständigen Rosette; der obere Teil der Blätter ist verbreitert und abgerundet. Er ist mit gestielten, roten Verdauungsdrüsen besetzt. Diese Drüsen sind reizempfindlich und beweglich. Am Ende jedes Drüsenhaares befindet sich ein Tröpfchen klebrigen Verdauungssekrets, so daß die Pflanze, wie ihr Name besagt, aussieht, als wäre sie mit Tau besetzt.

Gerät ein Tier – meistens handelt es sich dabei um ein Insekt – in diese Klebefallen, wird es von den Haaren umschlossen. Die Pflanze scheidet ein Verdauungssekret aus, durch das das Insekt bis auf die Chitinhülle verdaut wird, und Ameisensäure, die antiseptisch wirkt und das Wachstum von schädlichen Bakterien verhindert. Die aufgeschlossene Nahrung wird auch über die Drüsenhaare aufgenommen. Auf diese Weise kann der Sonnentau als höhere Pflanze seinen Stickstoffbedarf aus dem Eiweißgehalt der Beutetiere decken.

Eine weitere Charakterart der Sauer-Armmoore ist das Scheidige Wollgras (*Eriophorum vaginatum*) mit büschelartiger Wuchsform. Dieses Sauergras fällt besonders zur Fruchtzeit auf, wenn die weißen Haarbüschel der Fruchtstände das Moor wie mit Wattebällchen verzieren. Ist die Wasserversorgung des Moores sehr gut, wird das Wollgras von den Torfmoosen überwachsen. Der Sonnentau dagegen bildet seine Blattrosette immer wieder auf der Oberfläche der Moospolster.

In den trockeneren Zonen der Bulten, besonders in den Randbereichen, finden sich Flechten der Gattung *Cladonia*. Flechten sind eine hochentwickelte Symbiose aus Pilzen und Algen. Die beiden Symbionten leben in so engem Kontakt miteinander, daß sie sowohl anatomisch als auch physiologisch eine Einheit bilden und einzeln nicht mehr lebensfähig sind. Flechten sind die Pioniere unter den Pflanzen. Dort, wo die Lebensbedingungen noch kein Wachstum höherer Pflanzen zulassen, siedeln sich schon Flechten an. In den trockeneren Bereichen der Hochmoore findet man allein 22 Flechtenarten. Allerdings breiten sie sich in einem intakten Moor nicht weit aus. Nimmt der Bestand an Flechten auffallend zu, ist das ein Zeichen dafür, daß das Ökosystem durch Entwässerung gestört ist.

Die bisher beschriebenen Pflanzenarten waren typische Bultenbewohner. Diesen stellt man die Schlenkenvegetation gegenüber.

In wassergefüllten Schlenken trifft man außer primitiven Algen kaum Pflanzen an. Nur die größeren Kolke sind gewöhnlich nährstoffreich genug, daß höhere Pflanzen wie verschiedene Wasserschlauch-Arten (Gattung *Utricularia*) oder Igelkolben-Arten (Gattung *Sparganium*) hier überleben können. Zudem ist der Wasserschlauch wie der Sonnentau in der Lage, kleine Tiere zu fangen und zu verdauen. Der Wasserschlauch ist eine freischwimmende Pflanze, von der nur die gelben Blüten aus dem Wasser ragen. Die unter Wasser befindlichen Blätter sind mehrfach in feine, haarförmige Abschnitte mit ein bis vier Millimeter großen Fangbläschen zerteilt. Diese Bläschen besitzen eine Öffnung, die mit einer nach innen beweglichen Klappe verschlossen ist. Auf der Oberfläche der Klappe befinden sich berührungsempfindliche Härchen. Im Innern der Blase herrscht im Vergleich zur Umgebung Unterdruck. Berührt nun ein planktontisches Tierchen, z.B. ein Wasserfloh, die Haare an der Klappe, öffnet sie sich, und ein starker Wasserstrom, der das Opfer mit sich reißt, dringt in die Blase ein. Die Klappe schließt sich wieder, und das Tier ist gefangen. Es geht an Sauerstoffmangel zugrunde und verwest. Die verwertbaren Stoffe werden von der Pflanze aufgenommen. Die Blase kann später erneut beim Beutefang eingesetzt werden. Manche Fangblasen sind voll von Resten der winzigen Beutetiere. Im Winter stirbt der Pflanzenkörper des Wasserschlauches ab und nur eine Überwinterungsknospe, aus der im folgenden Frühjahr eine neue Pflanze sprießt, überdauert auf dem Gewässerboden.

Torfmoose leiten die Verlandung der Schlenken ein. Es bilden sich Schwingrasen, auf denen sich höhere Pflanzen ansiedeln können. Je nachdem, wie tief die Schlenken sind, bilden die Torfmoose nur eine schwimmende Decke oder füllen die Mulde ganz aus. Von den Bulten unterscheiden sie sich aber nach wie vor durch die Wasserübersättigung. Der Langblättrige Sonnentau (*Drosera anglica*) ist eine typische Schlenkenart. Anders als sein kleinerer Verwandter, der Rundblättrige Sonnentau, hat er länglich oval ausgezogene Blätter. Der Mittlere Sonnentau (*Drosera intermedia*) bleibt wesentlich kleiner (bis zehn Zentimeter). Er wächst normalerweise in Gruppen und bildet Polster. Mehrere Pflanzen zusammen sind in der Lage, größere Insekten zu erbeuten.

Zu den Schlenkenbewohnern zählt auch eine Reihe von Sauergräsern, z.B. das Schmalblättrige Wollgras (*Eriophorum angustifolium*), die Weiße Schnabelbinse (*Rhynchospora alba*), die Schlammsegge (*Carex limosa*) und die Blasenbinse (*Scheuchzeria palustris*).

In den relativ trockenen Randgehängen findet man die typischen Pflanzen der Hochmoorwälder. Von den Gehölzen siedeln sich zuerst die Moorbirke (*Betula pubescens*) und die Bergkiefer (*Pinus mugo*) an, letztere besonders im Gebirge und im Alpenvorland. Die Zwergbirke (*Betula nana*) kommt im Norden häufiger vor und ist ein echtes Eiszeitrelikt. An Zwergsträuchern wachsen das Heidekraut (*Calluna vulgaris*), die Rauschbeere (*Vaccinium uliginosum*), die Heidelbeere (*Vaccinium myrtillus*) und die Preiselbeere (*Vaccinium vitis-idaea*). Außerdem kommen hier auch das Scheidige Wollgras (*Eriophorum vaginatum*) und der Sumpfwachtelweizen (*Melampyrum paludosum*) häufig vor.

Die Tierwelt der Moore

Wie für die Pflanzen gilt auch für die Tierwelt der Moore, daß nur eigens an diesen Lebensraum angepaßte Arten überleben können. Daher ist die Artenvielfalt der Moorfauna nicht sehr groß. Da die einzelnen Arten auf diese speziellen Lebensräume, die in ihrer ursprünglichen Form immer seltener werden, angewiesen sind, sind sie meist stark gefährdet. Manche

Vogelarten z.B. konnten zwar ihre Lebensraumansprüche anpassen und sich in andere Feuchtgebiete zurückziehen; aber wenn diese Ausweichbiotope auch zerstört werden, gibt es für die Tierwelt keine Überlebenschance mehr.

Besonders in den sauren Armmooren und Zwischenmooren sind die Lebensbedingungen für viele Tiere sehr ungünstig, so daß hier nur wenige typische Arten zu finden sind. Höhere Tiere, die auf das Leben in oder am Wasser angewiesen sind wie Fische, Amphibien oder Wasservögel können hier nicht existieren, da der pH-Wert des Wassers zu niedrig, also das Milieu zu sauer ist. Ebenso fehlen an diesen kalkfreien Orten Gehäuse produzierende Schnecken, Muscheln und kleine Krebstiere, da sie die zum Aufbau der Schalen und Panzer notwendigen Kalziumverbindungen nicht dem Substrat oder dem Wasser entnehmen können. In den kalkreichen Mooren leben dagegen besonders viele Schneckenarten (*Gastropoda*).

Die Larven von verschiedenen Insekten wie Köcherfliegen, Zuckmücken, Gnitzen und Libellen sowie einige Wasserkäfer und Wasserwanzen scheinen von dem sauren Moorwasser nicht beeinträchtigt zu werden. Man findet sie in den Schlenken und Kolken der Regenmoore. Daß Moore auch ideale Lebensbedingungen für Mücken bieten, merkt man, wenn man an warmen Sommertagen das Moor ohne ausreichenden Mückenschutz besucht. Besonders auffallend sind die meist prächtig schillernd gefärbten Libellen, die geschicktesten Flieger unter den Insekten. Libellen lassen sich in zwei Gruppen einteilen, die Klein- und die Großlibellen. Die Kleinlibellen erreichen eine Körpergröße von fünf Zentimetern, die Großlibellen können bis zu 13 Zentimeter groß werden. Außer an ihrer Größe lassen sie sich daran unterscheiden, daß die Kleinlibellen (*Zygoptera*) ihre Flügel in der Ruhe zusammenklappen, wogegen die Großlibellen (*Anisoptera*) ihre Flügel in Ruhestellung vom Körper abspreizen. Vertreter beider Gruppen kommen regelmäßig in Mooren vor. Einige sind schon während ihrer Larvalentwicklung an diesen Lebensraum gebunden, andere fliegen erst als erwachsene Insekten in die Moore ein. Die typischen Moorarten gehören zu den Gattungen der Heidelibellen (*Sympetrum*), der Mosaikjungfern (*Aeschna*), der Binsenjungfern (*Lestes*) und der Azurjungfern (*Coenagrion*).

Eine weitere Insektengruppe, die in Mooren mit relativ vielen Arten vertreten ist, sind die Schmetterlinge (*Lepidoptera*). Sowohl die Schmetterlingsraupen als auch die fertigen Insekten sind meistens auf eine oder wenige Nahrungspflanzen spezialisiert. Häufig spiegelt sich diese Spezialisierung in den Namen der Schmetterlinge wider: Moorgelbling,

Moorbläuling, Heidekraut-Grünwidderchen, Sumpfheidelbeer-Bunteule, Heidebürstenspinner, Blaubeerglucke, Sumpfgraseule oder Primeleule.

Auf den trockeneren Bulten leben verschiedene Laufkäferarten (*Carabidae*), einige Vertreter der Kurzflügler (*Staphylinidae*) und eine Vielfalt von Wolf- und Raubspinnen (*Lycosidae* und *Pisauridae*), die ihre Beute nicht mit Netzen, sondern jagend fangen. In den Zwischen- und Niedermooren mit höherer Vegetation spannen auch Radnetzspinnen (*Araneidae*) ihre Fangnetze zwischen den Halmen der Sauergräser auf.

Die auf das Wasser angewiesenen Amphibien kommen nur in weniger sauren Zwischenmooren oder Niedermooren vor. Ebenso stellen sie sich ein, wenn Sauermoore durch menschlichen Einfluß wie Torfstich, Entwässerung oder Wiesennutzung verändert werden. Eine charakteristische Moorart ist der Moorfrosch (*Rana arvalis*), der wie der Gras- und Wasserfrosch zu den Braunfröschen zählt. Er ist mit 7,5 Zentimetern Körperlänge der kleinste Vertreter. Er bevorzugt Moorgebiete in Niederungen. Das Besondere am Moorfrosch ist seine auffallende Färbung: Zur Paarungszeit, wenn sich die Tiere in den Laichgewässern versammeln, legen die Männchen ein himmelblaues Hochzeitskleid an. Da Moorfrösche sehr eng an ihren Lebensraum gebunden sind, ist ihr Bestand in den letzten Jahrzehnten drastisch zurückgegangen. Weniger gefährdet sind der Grasfrosch (*Rana temporaria*) und der Wasserfrosch (*Rana esculenta*), die zwar auch häufig in Mooren anzutreffen sind, aber ebenso in vielen anderen Feuchtgebieten.

Typische Reptilien der Moore sind die Moor- oder Bergeidechse (*Lacerta vivipara*) und die Kreuzotter (*Vipera berus*). Die Mooreidechse nimmt eine Sonderstellung innerhalb der Eidechsen ein. Sie gehört zu den wenigen Arten, die ihre Jungen lebend zur Welt bringen. Die gesamte Keimentwicklung vollzieht sich im Körper der Mutter. Bei der «Eiablage» werden die Jungen in einer durchsichtigen Hülle geboren, die sie sogleich durchbrechen, um ihr selbständiges Leben zu beginnen. Weil sie ihre Jungen lebend zur Welt bringen, können sich Mooreidechsen in relativ kalten Klimaten vermehren, wo abgelegte Eier nicht mehr die Chance hätten, durch die natürliche Wärme ausgebrütet zu werden. Die Eidechsenweibchen suchen besonders wärmeexponierte Stellen, um ihre Körpertemperatur zu erhöhen und dadurch die Entwicklung der Eier zu gewährleisten. Die Mooreidechse bevorzugt Moore und Heiden, lebt aber auch in geschlossenen Wäldern. Sie jagt auf den Bulten kleine Insekten, Spinnen und andere wirbellose Tiere.

Ebenso angepaßt an ein kühles Klima ist die Kreuzotter, die bekannteste einheimische Giftschlange. Ihr Gift kann Kindern gefährlich wer-

84

den. Trotzdem gibt es keinen Grund, die Tiere zu verfolgen. Schlangen sind sehr scheu und flüchten immer vor dem Menschen, wenn sie dazu Gelegenheit haben. Die Kreuzotter ist noch bei Temperaturen von 3°C bewegungsfähig. Wie die Mooreidechse bringt auch sie lebende Junge zur Welt. Den Winter verschläft sie an einem vor Überschwemmungen sicheren Ort in 15 bis 50 Zentimeter Tiefe. Sie ernährt sich vorwiegend von kleinen Nagern, Lurchen und Eidechsen, aber auch von kleinen Vögeln und Insekten. Besonders im Sommer ist sie sowohl tagsüber als auch nachts aktiv. Im Hellen halten sich die Tiere meist unter Pflanzenwuchs verborgen.

Ein in hiesigen Moor- und Heidelandschaften selten gewordener Vogel ist der Goldregenpfeifer (*Pluvilais apricaria*), der durch seinen goldgrün gefärbten Rücken auffällt. Der Goldregenpfeifer ist mit zwei Unterarten in Eurasien verbreitet. Die südliche Unterart brütete früher in den norddeutschen Moor- und Heidegebieten. Wegen der Abtorfung der Moore sind die Vögel heute bis auf kleine Restbestände bei uns verschwunden. Die zweite Unterart nistet vornehmlich im nördlichen Eurasien von Island bis Sibirien und tritt bei uns meistens nur als Durchzügler auf. Den Winter verbringt der Goldregenpfeifer im Mittelmeergebiet.

Ein weiterer typischer Moorbewohner ist das zu den Rauhfußhühnern zählende Birkhuhn (*Lyrurus tetrix*). Wegen des auffallenden Balzverhalten der Männchen, den «Spielhähnen», ist diese Tierart recht populär. Allerdings sind die Birkhühner in ihrem Bestand derart dezimiert, daß die Balztänze bald schon zu den Legenden gezählt werden können. Birkhühner leben in offenen Moor- und Heidelandschaften, die sich mit dichten Waldstücken abwechseln. Die Tiere benötigen den Wald als Deckung vor Greifvögeln, ihren natürlichen Feinden. Auf den freien Flächen gehen sie auf Nahrungssuche. Weder in forstlichen Monokulturen noch in endlos weiter Ackerlandschaft können die Vögel existieren. Den letzten großen Restbestand von Birkhühnern findet man bei uns im Naturpark Rhön. Aber nicht nur durch den schwindenden Lebensraum, sondern auch durch direkte Störung sind diese Tiere gefährdet. Im Winter halten sie sich oft stundenlang bewegungslos in offenem Gelände halb im Schnee eingegraben auf. Sie bewegen sich möglichst wenig, um bei der herrschenden Nahrungsknappheit Energie zu sparen. Werden sie dann durch Wintersportler aufgeschreckt, verlieren sie bei ihrer Flucht viel lebenswichtige Energie. Birkhühner ernähren sich von Pflanzen. Nur die Küken benötigen eiweißreiche Nahrung in Form von Insekten. Führt die Mutter ihre Jungen auf Wiesen, die wegen dem Einsatz von Pestiziden kaum mehr von Insekten bevölkert werden, finden die Küken nicht genügend Futter und müssen verhungern. Untersuchungen haben gezeigt, daß die unzureichende Ernährung der Küken wesentlich zum Rückgang der Birkhühner beigetragen hat.

Im offenen Moorgelände mit spärlichem Baum- und Strauchbestand lebt die Sumpfohreule (*Asio flammeus*). Im Gegensatz zu den anderen Eulenarten ist sie tagsüber aktiv. Sie ernährt sich hauptsächlich von Kleinsäugern (Mäusen), gelegentlich auch von Kleinvögeln und Insekten, die sie vom Ansitz aus oder im Pirschflug erbeutet. Im Unterschied zu ihren Verwandten nistet sie nicht in Baumhöhlen oder ähnlichem, sondern auf dem Boden. In einer Mulde polstert sie ein Nest mit trockenen Halmen aus. Nach knapp vier Wochen Brutzeit schlüpfen die Jungen, die sich im Alter von drei Wochen in der Umgebung verstecken. Erst mit fünf Wochen können sie fliegen. Als erwachsene Tiere wandern sie oft sehr weit ab, bis sie ihr eigenes Revier gründen.

Von den Singvögeln brüten regelmäßig verschiedene Rohrsängerarten in den Mooren: der Schilfrohrsänger (*Acrocephalus schoenobaenus*), der Sumpfrohrsänger (*Acrocephalus palustris*) und der Seggenrohrsänger (*Acrocephalus paludicola*). Sie befestigen ihre kunstvoll erbauten Nester zwischen den Halmen von Schilf und Sauergräsern. In den Bruchwäldern der Niedermoore trifft man den Schlagschwirl (*Locustella fluviatilis*), der eng mit den Rohrsängern verwandt ist.

Die Bartmeise (*Panurus biarmicus*) gehört nicht zu den Meisen, sondern zu den Fliegenschnäppern. Sie lebt bei uns als Brutvogel im Schilf von Seeufern und Verlandungsbereichen. Das Braunkehlchen (*Saxicola rubetra*) errichtet sein Nest wie die Sumpfohreule am Boden. Dieser zu den Schmätzern gehörende Vogel brütet auf nassen Wiesen und ist typisch für Niedermoore. Den Winter verbringt er in der afrikanischen Savanne. Viele Watvögel, die auch Limikolen genannt werden, brüten ursprünglich in Moor- und Heidegebieten. Mit dem Rückgang dieser Biotope sind die Vögel auf andere Feuchtstandorte wie Feucht- und Naßwiesen ausgewichen. Zu ihnen gehören die Uferschnepfe (*Limosa limosa*), der Rotschenkel (*Tringa totanus*), die Bekassine (*Gallinago gallinago*) und der Große Brachvogel (*Numenius arquata*). Da sie, wie auch der Wachtelkönig (*Crex crex*), heute vorwiegend auf feuchtem Grünland anzutreffen sind, werden sie im Kapitel «Naß- und Feuchtwiesen» näher beschrieben.

Typische Greifvögel der Moore sind die Kornweihe (*Circus cyaneus*) und die Wiesenweihe (*Circus pygargus*). Sie waren früher hauptsächlich in Nordwestdeutschland beheimatet. Ihr Bestand ist aber durch die fortschreitende Zerstörung der Moore sehr stark zurückgegangen. Weihen sind schlanke, mittelgroße Greifvögel und gehören zu den Habicht-

86

arten. Ein typisches Merkmal ist der Federschleier am Kopf, der das Gesicht rund und eulenähnlich erscheinen läßt.

Charakteristische Säugetiere der Moore gibt es eigentlich nicht. Die dort anzutreffenden Arten bevorzugen ganz allgemein feuchte Standorte mit entsprechender Vegetation. Hierzu gehört die Zwergmaus (*Micromys minutus*). Die nur 5,5 bis 7,5 Zentimeter groß werdende Maus bewegt sich geschickt kletternd zwischen den Halmen des Schilfes. In diesem Halmwald legt sie Hochnester an, kugelige Gebilde mit ein bis zwei Öffnungen, in denen die Jungen aufgezogen werden. Sie ernährt sich von Samen und von Insekten und deren Larven. Den Winter verbringt sie in schützenden Gebäuden wie Scheunen oder ähnlichem.

Die Nordische Wühlmaus (*Microtus oeconomus*) wird auch als Sumpfmaus bezeichnet, da sie feuchtes und nasses Gelände mit dichtem Pflanzenwuchs liebt. Sie sieht unserer Feldmaus sehr ähnlich, unterscheidet sich aber von ihr durch einen viel längeren Schwanz und die Vorliebe für Wasser.

Mit der allmählichen Trockenlegung, Abtorfung und Urbarmachung von Moorgelände stellen sich auch andere Tierarten wie Schermaus, Feldmaus, Reh und Fuchs ein. Rehe, die in Moorgebieten leben, haben augenscheinlich eine dunklere Färbung als ihre Artgenossen der Wald- und Feldlandschaft.

Die Bedeutung der Moore für den Naturhaushalt

Allen Mooren gemeinsam ist ihre Bedeutung als natürlicher Wasserspeicher. Sie können ungeheure Mengen Wasser aufnehmen und es allmählich an ihre Umgebung wieder abgeben. Dadurch wirken sie in regenreichen Zeiten oder während der Schneeschmelze wie ein Puffer. Sie verzögern das Abfließen des Wassers und helfen so, Hochwasser und Überschwemmungen zu vermeiden. In Trockenzeiten steht ihnen noch lange ausreichend Wasser zur Verfügung, von dem auch die Pflanzen der näheren Umgebung profitieren können.

In den sauren Regenmooren haben sich unter – mit normalen Maßstäben gemessen – ungünstigen Lebensbedingungen hochspezialisierte Tiere und Pflanzen angesiedelt, die kaum in einem anderen Lebensraum bestehen könnten. Daher stellen diese Armmoore Ressourcen für seltene Arten dar. Sollten sie nicht mehr existieren, gehen zahlreiche extrem angepaßte Tiere und Pflanzen mit ihnen zugrunde. Diese Organismen haben in Jahrtausenden Eigenschaften entwickelt, die ihnen das Überleben unter Extrembedingungen wie Nährstoffarmut oder saurer pH-Wert möglich gemacht haben. Das Aussterben von diesen Arten bedeutet einen unwiederbringlichen Verlust an genetischem Material, welches nie wieder in der Form entstehen kann. Besonders die sogenannten Eiszeitrelikte – Tiere und Pflanzen, die seit der letzten Eiszeit unverändert in Moorgebieten bestehen konnten – gehören zu den gefährdeten Arten, die nicht ohne weiteres auf andere Lebensräume ausweichen können. Dort, wo Sauergräser vorkommen und besonders die Großseggen wachsen, findet eine natürliche Wasserreinigung statt. Die Pflanzen nehmen gelöste Stoffe auf und filtern Verunreinigungen aus dem Wasser. Auf diese Weise können sie den Dünger- und Schadstoffeintrag durch Einschwemmung von umliegenden landwirtschaftlichen Nutzflächen verhindern oder zumindest reduzieren, so daß die nährstoffarmen Moorgebiete im Zentrum nicht beeinträchtigt werden.

Die Nutzung von Mooren

Mit der Nutzung von Mooren verbindet man in erster Linie die Torfgewinnung. Neben dem Torf hat das Moor aber früher wie heute den Menschen noch andere Rohstoffe und Nutzungsmöglichkeiten geboten.

Schon vor mindestens 4000 Jahren wurde aus Mooren das sogenannte Raseneisenerz gewonnen. Eisenerze lagerten sich vorwiegend in Niederungen von Sandgebieten ab. Über Jahrtausende hin wurden die Eisenverbindungen aus den umliegenden Sandböden herausgewaschen und lagerten sich zwischen dem Sanduntergrund und der ersten Torfschicht in einer Dicke von zehn bis 20 Zentimetern ab. Die Eisenerzvorkommen beschränken sich auf flachgründige Moore, so daß sie nie tiefer als 0,5 bis ein Meter liegen. Der Eisengehalt beträgt zwischen 25 und 55 Prozent. Mit Hacke und Spaten wurde das Erz abgebaut, wobei große Flächen der Moorwiesen zerstört wurden. Die Raseneisenerznutzung erlebte ihre Blütezeit vom 16. bis zum 18. Jahrhundert. Danach konnte der ansteigende Eisenbedarf durch Raseneisenerz nicht mehr gedeckt werden.

Andere eisenhaltige Substanzen, die gelegentlich unter Sauerstoffabschluß in Moorböden abgelagert werden, sind Blaueisenstein und Eisenocker, die als blaue bzw. gelbliche Farbstoffe verwendet wurden.

Eine weitere, heute meist schon in Vergessenheit geratene Form der Moornutzung ist die Gewinnung des Wiesenkalkes. Er ist bei manchen Mooren ein Überbleibsel aus dem Verlandungsprozeß. In kalkreichen Gegenden wird dieser Verlandungsprozeß durch die Ablagerung von kalkhaltigen Sedimenten, der sogenannten Seekreide, beschleunigt. Der Gehalt an Kalziumkarbonat kann bis zu 98 Prozent betragen. Diese Seekreideschichten können mehrere Meter dick sein. Man hat schon Mächtigkeiten von 24 Meter gemessen. Die Nutzung von Wiesenkalk begann vor etwa 2000 Jahren. Vor der weiteren Verwendung wurde der Kalk in speziellen Brennöfen gebrannt. Zunächst wurde er als Anstrich für die Häuser benutzt, später verwendete man ihn zur Mörtelherstellung, da er eine sehr hohe Bindekraft besitzt. Aus Gewässern gewann man den Kalk mit Hilfe von Schöpfern, die an langen Stangen befestigt waren. In Mooren stach man ihn nach Abheben der Torfschichten ab. Heute benötigt man keinen Wiesenkalk mehr zur Herstellung von Zement. Mit der starken landwirtschaftlichen Entwicklung im 19. Jahrhundert nutzte man den Kalk außerdem als Mineraldünger, um schwere oder saure Böden zu verbessern. Die Wiesenkalknutzung hat heutzutage ihre wirtschaftliche Bedeutung verloren.

Die allgemein bekannte und bis in die Gegenwart noch praktizierte Nutzung der Moore ist der Torfabbau. Allerdings hat sich der Verwendungszweck des Torfes im Laufe der Zeit geändert. Ursprünglich wurde Torf ausschließlich als Brennmaterial verwendet. Auch diese Nutzung ist schon mindestens seit der Bronzezeit vor etwa 4000 Jahren bekannt. Besonders in holzarmen Gegenden wie an der holländischen und deutschen Nordseeküste konnte das durch Funde von Werkzeugen, wie man sie zum Stechen von Brenntorf verwendete, belegt werden. Im 18. Jahrhundert breitete sich die Brenntorfnutzung bei wachsender Bevölkerung und zunehmender Verknappung von Feuerholz weiter aus. Die Herstellung von Torfkohle, die einen ähnlichen Heizwert wie Holzkohle erreicht, war damals schon bekannt. Die Torfasche und der Torfstaub wurden als Dünger auf die Äcker ausgebracht; getrockneter Torf wurde als Baustoff für Häuser verwendet.

Im letzten Jahrhundert eröffneten sich zahlreiche weitere Verwendungsmöglichkeiten für Torf. Um 1880 erreichte die Torffeuerung in der Eisen- und Stahlindustrie ihren Höhepunkt. Danach wurde Torf wegen seiner feuchtigkeitsbindenden und geruchsmindernden Wirkung verstärkt als Einstreu für Ställe, als Bindepulver in Klosetts und zur Reinigung von Abwasser verwendet.

Nach und nach verlor der Torf seine Bedeutung als Brennstoff. Man hat zwar Anfang unseres Jahrhunderts Torfkraftwerke gebaut, die aber alle schon seit Jahrzehnten ihren Betrieb eingestellt haben. In Finnland, Irland und der ehemaligen Sowjetunion allerdings kommt dem Torf als Brennstoff bei der Gewinnung elektrischer Energie immer noch Bedeutung zu.

Das Veredeln von Brenntorf durch Verkoksung ist ein schon vor Jahrhunderten entwickeltes Verfahren. Der aus Torf gewonnene Koks und die Aktivkohle haben mit 99 Prozent Kohlenstoffgehalt einen sehr hohen Reinheitsgrad. Sie werden für unterschiedliche Zwecke in der pharmazeutischen, chemischen und Lebensmittelindustrie verwendet.

Sogar die Medizin nutzt den Torf für ihre Zwecke. Schon seit dem Altertum ist die heilende Wirkung von Moorschlamm bekannt. Auch heute noch werden Moorbäder bei verschiedenen Erkrankungen verschrieben. Der für Moorbäder verwendete Torf wird abgestochen, ungetrocknet gemahlen und zu einem Brei vermischt. Der Moorbrei kühlt sich wesentlich langsamer als Wasser ab und leitet daher die Wärme auch langsamer. Die heilende Wirkung beruht einerseits auf der intensiven, gleichmäßigen Wärmeübertragung auf den Körper. Andererseits ist auch die chemische Zusammensetzung des Torfschlammes für die Heilwirkung verantwortlich. Besonders den Huminsäuren sagt man eine positive Wirkung nach. Weiterhin besitzt Torf antimikrobielle Eigenschaften, die erfolgreich gegen bakterielle und Pilzinfektionen eingesetzt werden.

Heute wird Torf vornehmlich im Gartenbau zur Bodenverbesserung eingesetzt. Er soll den Boden lüften und ihm eine größere Wasserkapazität verleihen. Als Dünger fungiert der Torf weniger, da er meist von nährstoffarmen Moorböden stammt. Die positive Wirkung des Torfes für die Gartenerde ist heute eher umstritten. Torf senkt den pH-Wert des Bodens, so daß er eigentlich nur für Pflanzen, die saure Böden bevorzugen, geeignet ist. Nicht zu unterschätzen ist dabei die ohnehin verstärkte Versäuerung unseres Regenwasser und damit des Bodens durch Umwelteinflüsse. Moose und Torf können in einem intakten Moor sehr große Mengen Wasser speichern. Ist der Torf aber erst einmal richtig ausgetrocknet, bereitet es ungeheure Schwierigkeiten, ihn wieder zu benetzen. Daher ist die Verbesserung der Wasserkapazität von Gartenböden durch Torfeintrag zu bezweifeln. Ungeachtet möglicher Vorteile sollte man auf jegliche Nutzung von Torf verzichten. Obwohl nur noch wenige intakte Moore bei uns vorhanden sind, geht der Torfabbau immer weiter voran und jeder, der einen Ballen Torf kauft, trägt zur Vernichtung einer der wertvollsten und seltensten Lebensräume unserer Landschaft bei.

Die Umwandlung von Mooren in landwirtschaftlich nutzbare Flächen wird als Moorkultur bezeichnet. Die landwirtschaftliche Moornutzung dauert bis in die Gegenwart an und ist der zweite Hauptgrund für die unablässige Zerstörung von Mooren, denn mit der Moorkultur verbunden sind in der Regel Entwässerung, Abtorfung, Umbruch und Düngung.

Ein sehr altes Verfahren ist die Moorbrandkultur, die zur Gewinnung von Acker- und Weideland auf Hochmooren diente. Hierzu wurde das Moor oberflächlich entwässert, aufgehackt und anschließend abgebrannt. Die Asche wurde in den Boden eingepflügt. Auf diesen Flächen baute man vor allem Hafer und Buchweizen an. Nach einigen Jahren wechselten Kartoffeln und Roggen die Fruchtfolge ab. Nach sieben bis zehn Jahren waren die Nährstoffreserven erschöpft, und das Land mußte mindestens 30 Jahre brachliegen, bevor es neu bestellt werden konnte. Auf diesen Flächen entstanden Heidekrautfluren, die nur als Weideflächen für Heidschnucken geeignet waren. 1923 wurde das Abbrennen der Moore in Deutschland verboten. Eine weitere Methode, bei der auch kein Torf abgebaut wird, ist die Moordeckkultur. Flachmoore werden entwässert, eingeebnet und mit Sand bedeckt. Vor der Einsaat wird mehrmals gepflügt und eventuell auch gedüngt.

Die sogenannte Fehnkultur stammt aus Nordwestdeutschland und den Niederlanden und kam gegen Ende des 16. Jahrhunderts auf. Zunächst legte man große Entwässerungsgräben an, aus denen man den wertvollen Schwarztorf abbaute. Die wassergefüllten Kanäle dienten gleichzeitig dem Abtransport des Torfes. Der mineralhaltigere Untergrund wurde mit dem abgebauten Weißtorf, den man vorher getrennt gelagert hatte, Schlick und Stallmist gemischt und auf die Einsaat für Kulturpflanzen vorbereitet.

Die deutsche Hochmoorkultur wird nur bei Hochmooren angewendet, die eine Torfmächtigkeit von über 1,3 Metern besitzen. Die Moore werden entwässert, aber nicht abgetorft, oberflächlich umgebrochen und gedüngt. Die dabei entstehenden Böden sind nur für Gründlandwirtschaft, nicht aber für Ackerbau geeignet, weil es hierbei zu einer zu starken Verdichtung und dadurch zu Luftmangel im Boden kommen kann.

Eine sehr häufig angewendete Kultivierungsmethode ist die Sandmischkultur. Je nachdem, wie mächtig die Torfschicht ist, werden hierbei verschiedene Verfahren praktiziert. Mit Spezialgeräten läßt sich Sand aus über drei Meter Tiefe an die Oberfläche befördern, die anschließend durchgepflügt wird. Die so entstandene Sand-Torf-Mischung läßt sich vielseitig landwirtschaftlich nutzen. Ein anderes Verfahren wird nur bei Torfdicken unter 1,5 Meter angewendet. Mit einem Moorpflug, der unter die Torfschicht greift, wird das gesamte Moorprofil umgebrochen. Der an die Oberfläche beförderte Sand wird mit dem Torf vermischt, planiert und kultiviert. Bei beiden Verfahren greifen die Geräte bis in die mineralische, wasserdurchlässige Sandschicht ein und stellen Verbindungen zur Oberfläche her. Diese wirken später wie Drainagen, führen also zu einer Entwässerung der Moorfläche.

Nach einem ähnlichen Prinzip erfolgt die Tiefpflug-Sanddeckkultur. Diese Methode hat man nur für Niedermoore, deren Torfschicht nicht mächtiger als 80 Zentimeter ist, entwickelt. Durch das Pflügen wird der Sand auf die Mooroberfläche gebracht. Eine Nutzung als Ackerfläche lohnt jedoch nur, wenn die bedeckende Sandschicht etwa 30 Zentimeter dick ist. Bei der Schwarzkultur, die vornehmlich auf Niedermooren betrieben wird, wird der reine Moorboden nach Entwässerung ohne weitere Veränderungen kultiviert. Da ein Moorboden nach starker Austrocknung kaum wieder angefeuchtet werden kann, werden diese Böden nicht für den Ackerbau verwendet.

Auch die Endstadien der Moore wie Bruch- oder Hochmoorwälder wurden früher in die landwirtschaftliche Nutzung einbezogen. Die Wälder wurden gerodet, und es entwickelten sich artenreiche Feuchtwiesen, die als Streuwiesen dienten. Diese Art der Kultivierung sorgte letzten Endes sogar für den Erhalt von Feuchtflächen. Die Rodung verhinderte eine vollständige Bewaldung und damit das Austrocknen der Moorflächen, und zahlreiche krautige Feuchtgebietspflanzen konnten sich wieder ansiedeln. Da die Bauern heute keine Stalleinstreu mehr benötigen und das Mähen solcher Flächen mit zuviel Aufwand verbunden ist, werden diese Feuchtwiesen kaum mehr genutzt. Entweder werden sie entwässert und anderweitig kultiviert, oder sie verbuschen relativ schnell und entwickeln sich zu einem Wald.

Eine ganz andere Art der Nutzung von Regenmooren, bei der überhaupt keine Veränderung oder Beeinflussung dieser Flächen notwendig ist und sogar unerwünscht wäre, ist das Abernten der natürlich im Moor vorkommenden Wildfrüchte. Allerdings hat diese Form der Nutzung erst in einigen Gebieten Osteuropas Anhänger gefunden. Würde das Ernten der Wildfrüchte an Popularität gewinnen und sich als lukrative Alternative zu anderen Nutzungsformen herausstellen, wären mehr Menschen daran interessiert, die Moore in ihrer ursprünglichen Form zu erhalten. Die Gefahr, daß wertvolle Lebensräume und mit ihnen seltene Pflanzen und Tiere vernichtet werden, könnte reduziert werden.

Gefährdung der Moore

Wie wir schon im letzten Kapitel erfahren haben, ist fast jede Nutzung von Mooren, sei es durch den Abbau von Bodenschätzen und Torf oder durch die Umwandlung in landwirtschaftliche Nutzflächen, mit einer Zerstörung oder zumindest starken Beeinflussung durch den Menschen verbunden.

Eine teilweise Entwässerung von Moorflächen führt dazu, daß sich Feuchtwiesen und Hochstaudenfluren mit veränderten Pflanzengesellschaften bilden. Auf diese Art der Feuchtflächen wird später eingegangen. In diesem Zusammenhang sei nur darauf hingewiesen, daß solche Flächen meist als Streuwiesen genutzt wurden, d.h., die Landwirte mähten die Wiesen nur ein- bis zweimal im Jahr und verwendeten die Mahd als Einstreu für die Ställe. Im Zeitalter der Güllewirtschaft wird diese Einstreu nicht mehr benötigt und die Flächen werden nicht mehr gepflegt oder völlig trocken gelegt. Ehemalige Streuwiesen, die ungemäht bleiben, verbuschen innerhalb weniger Jahre. Die krautigen Pflanzen werden verdrängt und die sich ausbreitenden Bäume und Büsche entziehen dem Boden das Wasser, so daß schließlich ein Wald entsteht.

Die vollständige Entwässerung eines Moores führt zu einer totalen Vernichtung der typischen Lebensgemeinschaft. Die charakteristischen Eigenschaften eines Feuchtbiotops gehen verloren. Beim Abbau von Bodenschätzen, wie er früher betrieben wurde, sowie beim Torfabbau wird zusätzlich die Bodenstruktur verändert bzw. die zum Teil meterdicken Torfschichten werden einfach entfernt. Zurück bleibt ein Stück Ödland, auf dem sich erst allmählich wieder eine neue Vegetation entwickeln muß. Durch die Entwässerungsmaßnahmen können sich auf diesen Flächen nie wieder die ursprünglichen Pflanzengesellschaften ausbilden.

Selbst wenn kein Torfabbau erfolgt, sondern die entwässerten Moorböden landwirtschaftlich genutzt werden, geht durch die regelmäßige Bewirtschaftung und den Düngereintrag die typische Moorgesellschaft für immer verloren.

Bei der Entwässerung von Regenmooren bildet sich eine ganz charakteristische Pflanzengesellschaft aus. Es entsteht eine Heidefläche, wie man sie besonders aus Norddeutschland kennt. Obwohl Heiden ebenso wie Moore augenscheinlich natürlich entwickelte Lebensräume darstellen, sind sie tatsächlich häufig erst durch anthropogenen Einfluß entstanden. Sie sind also eine Art Folgestadium eines Hochmoores. Der entwässerte Boden wird durch den Regen ausgewaschen, wodurch der pH-Wert ansteigt und der Boden neuen Pflanzenarten eine Lebensgrundlage bietet. Typische Pflanzen der Heide sind die verschiedenen Heidekrautgewächse, der Besenginster (*Sarothamnus scoparius*) und die echten Ginsterarten (Gattung *Genista*). Durch den Einflug von Gehölzsamen aus umliegenden Waldgebieten ist die Gefahr der Verbuschung recht groß. Heideflächen können nur erhalten werden, wenn man eine Bewaldung verhindert. Seit jeher wurden Heidegebiete als Weideflächen für die eigens zu diesem Zweck gezüchteten Heidschnucken genutzt. Die regelmäßige Beweidung verhindert das Aufkommen von Gehölzen. Ein positiver Nebeneffekt der Schafhaltung ist die größere Ausbeute an Heidehonig. Die Schafe zerreißen mit ihren Beinen die Spinnennetze, in denen sich häufig Bienen verfangen. Daher können die Bienenvölker einen größeren Eintrag erzielen. Allerdings ist die Haltung von Heidschnucken in den letzten Jahrzehnten zurückgegangen, so daß nun schon die Folgestadien der Moore Gefahr laufen, durch Verbuschung und Verwaldung zu verschwinden.

Die Gefährdung von Mooren gründet aber nicht allein in direkt beeinflussenden Maßnahmen. Wie bei allen anderen Lebensräumen hinterlassen die fortschreitende Umweltverschmutzung und die intensivierte Landwirtschaft auch hier ihre Spuren. Durch Luft, Regen und Grundwasser gelangen Schadstoffe, Dünger und Pestizide in das Moorwasser und dadurch in die Pflanzen. Moorpflanzen reagieren im allgemeinen sehr empfindlich auf Veränderungen in ihrer Umgebung. Torfmoose sind hervorragende Indikatoren für Belastungen durch Schadstoffe. Sie lagern diese in ihrem Gewebe ab und liefern bei genauer Untersuchung Informationen über den Grad der Schadstoffbelastung. Auf Dauer werden die Pflanzen natürlich nachhaltig geschädigt. Keinen direkten Schaden richten Düngereinträge an. Da aber besonders die Pflanzen der Arm- und Zwischenmoore auf nährstoffarmes Substrat angewiesen sind, werden die Lebensbedingungen für sie durch den Nährstoffeintrag immer ungünstiger, bis sie schließlich ganz aus diesem Lebensraum verschwinden.

Alle bisher aufgeführten Gefährdungen waren eine Folge von menschlichen Eingriffen in die Natur zum Zwecke der Nutzung. Aber auch jeder einzelne Mensch, der erholungssuchend ins Grüne flüchtet, kann durch falsches Verhalten zur Zerstörung der Moore beitragen.

Allein das Betreten von torfmoosreichen Mooren kann eine nachhaltige Beeinträchtigung sein. Durch das Körpergewicht werden die Moospolster stark zusammengedrückt, wobei die feinen Torfmoose und die Stengel und Wurzeln der krautigen Pflanzen abgerissen werden. Außerdem wird das Moos wie ein Schwamm ausgepreßt, wobei nicht nur Wasser, sondern auch Nähr- und Mineralstoffe, die normalerweise im Torf gebunden geblieben wären und Tiere und Pflanzen nicht beeinflußt hätten, freigesetzt werden.

Es dauert einige Zeit, bis sich die Moospolster von diesem Eingriff erholt und wieder ihre volle Speicherkapazität erreicht haben. Man kann sich vorstellen, welche Auswirkungen es auf einen Moosteppich haben kann, wenn viele Menschen kreuz und quer durch ein Moor wandern. Auch im Winter, wenn die Landschaft schneebedeckt ist, sollten Moorgebiete von Wintersportlern gemieden werden. Auf stärker bewanderten Trampelpfaden oder auf Loipen wird der Schnee fest zusammengedrückt, so daß er im Frühjahr wesentlich später schmilzt als die übrige Schneedecke. Dadurch gerät der Wärmehaushalt durcheinander, und auf den betroffenen Flächen fällt die Vegetationszeit kürzer aus.

Ebenso ist der Fremd- und Nährstoffeintrag durch Erdreste an den Schuhen von Menschen sowie durch die Exkremente von Hunden oder Pferden nicht zu unterschätzen. Auch hier gilt: zuviel kann erheblichen Schaden anrichten. Deshalb sollte man bei Spaziergängen durch Moorgebiete möglichst ausgewiesene Wege benutzen, die häufig sogar in Form von Holzpfaden über den Moorboden hinweg angelegt wurden. Es ist wohl selbstverständlich, daß man weder Pflanzen noch Tiere aus der Natur und besonders aus solch seltenen Lebensräumen entnehmen darf. Dennoch gibt es immer noch «Naturfreunde», die einen Sonnentau oder eine Orchidee in ihren Garten umsiedeln und dann zusehen müssen, wie die Pflanzen schließlich eingehen. Auch wenn jemand meint, daß er ein guter Gärtner und Pflanzenkenner ist, sind solche Umsiedlungsversuche zum Scheitern verurteilt. Moorpflanzen sind an extreme Standortbedingungen angepaßt, die in unseren Gärten nicht herrschen. Außerdem leben die meisten Arten in einer Symbiose mit bestimmten Pilzen, die sie an künstlichen Standorten nicht vorfinden. Sie werden also in unserem Blumentopf oder Ziergarten nicht die notwendigen Lebensbedingungen vorfinden und früher oder später absterben.

Etwa ein Drittel der weltweit existierenden Moore sind schon vom Menschen «verbraucht» worden. Noch vor weniger als 100 Jahren gab es in Deutschland 2,25 Millionen Hektar Moore, die wie ein Mosaik über das Land verteilt waren. Davon sind heute noch etwa 150'000 Hektar vorhanden mit abnehmender Tendenz. Die meisten Moorflächen wurden entwässert und werden nun als Grünland oder Äcker genutzt. Viele befinden sich im Stadium der Pfeifengras-Streuwiesen und laufen Gefahr zu verbuschen. Auf einigen Moorflächen haben sich bereits Waldgesellschaften, auf natürliche Weise oder durch Aufforstung, gebildet.

Erhaltung, Schutz und Regeneration von Mooren

Angesichts der vielfältigen Gefährdungen der Moore scheint ihr Untergang unabwendbar. Aber dennoch gibt es zahlreiche Möglichkeiten, die noch vorhandenen Moorgebiete zu erhalten und schon zerstörte Moore zu regenerieren.

Die Erhaltung der Moore erfordert in vielen Fällen keine aufwendigen Maßnahmen. Meist ist schon viel gewonnen, wenn diese wertvollen Lebensräume einfach sich selbst überlassen werden. Jegliche Entwässerungsmaßnahmen müssen unterlassen werden. Weder im Rahmen des Torfabbaues noch zur landwirtschaftlichen Nutzung dürfen Moore trocken gelegt werden. Jeder einzelne kann dazu beitragen, indem er auf die Verwendung von Torf verzichtet. Wenn keine Nachfrage mehr bestünde, müßten die torfabbauenden Unternehmen ihre Arbeit einstellen. Alle, die direkt oder indirekt an der Nutzung und damit Zerstörung von Mooren beteiligt sind, müssen über deren herausragende Bedeutung für unsere Natur aufgeklärt werden. Öffentlichkeitsarbeit ist ein wichtiger Faktor beim praktischen Naturschutz. Je mehr Menschen sich für die Erhaltung von Mooren einsetzen, desto größer wird der Druck auf Politiker und Unternehmer, die Forderungen ernst zu nehmen.

Der sicherste Schutz nicht nur für Moore, sondern für alle schützenswerten Flächen, ist die Ausweisung als Naturschutzgebiet. Oft müssen Naturschutzorganisationen oder auch Länder und Gemeinden Flächen zu diesem Zweck aufkaufen. Deshalb ist es hilfreich, entsprechende Organisationen auch finanziell bei ihren Bemühungen zu unterstützen.

Liegen Moore in unmittelbarer Nähe von landwirtschaftlich genutzten Flächen, muß dafür gesorgt werden, daß sie nicht durch unkontrollierten Eintrag von Dünger oder Pflanzenschutzmitteln beeinträchtigt werden. Am besten bewährt sich hier die Ausweisung von Pufferzonen. Diese Zonen sind Bereiche der Kulturfläche, die an die zu schützenden Gebiete anschließen und weder gedüngt noch mit Pestiziden behandelt werden. Die Landwirte können im Rahmen sogenannter Acker- und Wiesenrandstreifen-Programme Ausgleichszahlungen für eventuell entstandene Ertragseinbußen beim Land beantragen. Um ungewollte Störungen von Mooren zu verhindern, muß auch der «Moortourismus» kontrolliert werden. Moorbesucher sollten sich auf alle Fälle an vorgeschriebene Wege und ausgesprochene Betretungsverbote halten. Ein verständnisvoller Naturfreund wird die entsprechenden Gebote beherzigen.

Vielen Tieren, besonders Vögeln, können übereifrige Naturfotografen auf der Jagd nach einer guten Aufnahme zum Verhängnis werden. Wer sich an balzende Birkhähne oder brütende Goldregenpfeifer heranpirscht, läuft Gefahr, die Tiere aufzuschrecken. Durch die Flucht verbrauchen diese unnötig Energie, die sie vielleicht später bitter nötig haben. Bei mehreren Störungen verlassen die Vögel ihr Nest und die Brut eines Jahres ist verloren. Man sollte Tiere nur von den Wegen oder angelegten Aussichtspunkten aus beobachten. Mit einem guten Fernglas kann man ebenso schöne und interessante Dinge entdecken.

Wo Moore schon durch menschlichen Einfluß verändert wurden, sollte man sich bemühen, diese Beeinträchtigung rückgängig zu machen. Teilweise entwässerte Regenmoore verheiden und verbuschen mit der Zeit. Bäume und Büsche entziehen dem Boden zusätzlich Wasser und bewirken endgültig ein Absterben der Torfmoose. Eine wichtige Pflegemaßnahme zur Verhinderung einer vollständigen Bewaldung ist die

Beseitigung der Gehölze und wenn möglich auch der Heidevegetation. Erst dann können sich die typischen Moorpflanzen wieder ausbreiten. Ob Mahd oder Schafbeweidung erfolgt, spielt dabei keine Rolle.

Die zweite Voraussetzung für die Regeneration ist die Wiederbewässerung der Moorfläche. Auf ausreichend nassen Standorten können sich weder Gehölze noch Heidepflanzen halten, und die Moorregeneration kann stattfinden.

Es ist aber nicht so einfach, ein Moor wieder zu bewässern. Zunächst müssen alle Entwässerungskanäle zugeschüttet und sicher verschlossen werden, damit nicht weiterhin unkontrolliert Wasser aus dem Moor abfließen kann. Hierbei muß besonders darauf geachtet werden, daß dort abgedichtet wird, wo die wasserundurchlässige Schicht durchstoßen worden ist. Bei Niedermooren, die ja vom Grundwasser gespeist werden, reicht die Verschließung der Abflußkanäle meist schon aus, um eine Wiederansiedlung der typischen Moorpflanzen zu ermöglichen.

Die für landwirtschaftliche Zwecke kultivierten Moorflächen sind für eine Regeneration ungeeignet, da sie zu stark durch Dünger und Bodenbearbeitung verändert wurden. Diese Gebiete lassen sich zu Feuchtflächen anderer Art umgestalten, die entweder als Pufferzonen für intakte Moore oder als Rückzugsgebiet für Brutvögel der Feuchtgebiete dienen können. Eine solche Umgestaltung wird als Renaturierung bezeichnet. Die Grundvoraussetzung dieser Renaturierungen ist die Aushagerung des Bodens, d.h., die im Boden angesammelten Nährstoffe müssen abgebaut und ausgeschwemmt werden. Die Flächen dürfen nicht mehr gedüngt und müssen regelmäßig gemäht werden, wobei das Mähgut entfernt werden muß, um eine Rückführung der Nährstoffe zu verhindern. Ein erster Aushagerungseffekt ist erst nach einigen Jahren zu bemerken. Eine vollständige Renaturierung von Kulturflächen zu naturnahen Feuchtflächen dauert etwa zehn bis zwanzig Jahre.

Bei Regenmooren ist es mit dem Verschluß der Entwässerungskanäle oft nicht getan, da sie von nährstoffarmem Regenwasser gespeist werden. Die Bewässerung aus umliegenden Kulturflächen in Form von Drainagewasser ist nicht möglich, da auf diese Weise zu viele Nährstoffe in das Moor gelangen könnten. Eine Möglichkeit ist das Hochpumpen von Moorwasser in die höher gelegenen Bereiche. Grundsätzlich läßt sich aber sagen, daß eine echte Regeneration besonders von kleinen Hoch- oder Regenmoorflächen nur schwer durchführbar ist, nicht zuletzt weil das Torfwachstum nur sehr langsam erfolgt.

Zusammenfassend betrachtet muß man sagen, daß Moore zu den seltensten und am meisten gefährdeten Lebensräumen gehören und unseren dringenden Schutz benötigen. Auch wenn es erfolgreiche Regenerationsversuche gibt, sind dies doch nur klägliche Versuche, unsere Fehler der Vergangenheit wiedergutzumachen. Solange aber immer noch einige Menschen glauben, die Moore bis aufs letzte ausbeuten zu müssen, steht es um den Erhalt sehr schlecht. Den Mooren kommen nicht nur wichtige Aufgaben im Wasserhaushalt der Natur zu, sondern sie beherbergen auch zahlreiche seltene Pflanzen und Tiere. Nicht zuletzt liefern sie uns durch fossile Funde wertvolle Informationen über die Vergangenheit von Pflanzen, Tieren und Menschen.

Die Situation der Moore in Deutschland

Mit etwa 450'000 Hektar Moorfläche war Niedersachsen der moorreichste Landschaftsraum in Mitteleuropa. Von den über 300'000 Hektar Hochmooren existieren heute nur noch 25'000 Hektar in einem einigermaßen naturnahen Zustand, das sind weniger als zehn Prozent der ursprünglichen Hochmoorfläche. Wirklich ungestörte Hochmoore gibt es nicht mehr. Im gesamten norddeutschen Raum fanden sich früher 400'000 Hektar Hochmoore, in Bayern 60'000 Hektar und in Baden-Württemberg 20'000 Hektar. In vielen Gegenden betragen die Verluste über 90 Prozent.

Etwa fünf Prozent des Gesamtgebietes der ehemaligen DDR waren ursprünglich Moorland. Das entspricht einer Fläche von 550'000 Hektar. Heute sind weniger als ein Prozent davon noch wachsende Moore. Vier Prozent wachsen zwar nicht mehr, sind aber bisher auch noch nicht belastet. Die restlichen 95 Prozent wurden entwässert, so daß die typische Moorvegetation allmählich verschwindet. Hinzu kommen die Beeinträchtigungen durch übermäßigen Nährstoffeintrag. In Ostdeutschland sind etwa 5000 Hektar Moore unter Schutz gestellt. Sie verteilen sich auf 50 einzelne Schutzgebiete. 1500 Hektar davon sind wachsende Moore in überwiegend nährstoffreicher Ausbildung. Etwa 200 Hektar sind gepflegte Moor- und Feuchtwiesen.

Sümpfe

Sümpfe sind Lebensräume, die ständig von Grund-, Quell- oder Sickerwasser durchtränkt sind, zeitweilig überschwemmt werden und nur selten oberflächlich abtrocknen. Sie weisen eine reiche Vegetation auf, die vornehmlich aus Sumpfpflanzen (Helophyten) besteht.

Im Gegensatz zu den Mooren wird in Sümpfen der Abbau organischen Materials nicht gehemmt, d.h., es bildet sich kein Torf. Dafür entsteht ein sogenannter Sumpfhumus. Floristisch sind die Sümpfe eng mit den Niedermooren und den nährstoffreicheren Zwischenmooren verwandt. Die Kleinseggenriede werden auch häufig als Kleinseggensümpfe bezeichnet, was auf die enge Beziehung zu den eigentlichen Sümpfen schließen läßt. Die Kleinseggensümpfe werden zu den Zwischenmooren gerechnet und leiten häufig zu den von Regen gespeisten Armmooren über. Teilweise werden sogar verschiedene Flachmoortypen den Sümpfen zugerechnet. Hier ist es schwierig, eine genaue Abgrenzung vorzunehmen. Alle Typen von Feuchtgebieten sind miteinander verwandt und können jeweils aus einem anderen Typ hervorgehen. Das Kriterium der Torfbildung erlaubt jedoch eine klare Differenzierung von torfbildenden Mooren und den nichttorfbildenden Sümpfen.

In den gemäßigten Zonen entwickeln sich Sümpfe bei der Verlandung eines Sees, bevor eine echte Moorbildung einsetzt. Sümpfe können auch in Senken mit undurchlässigem Untergrund entstehen, wo das Wasser nicht versickern kann, oder sie bilden sich an Quellen, wo ständig neues Wasser nachfließt. Sie bilden sich also unter ähnlichen Voraussetzungen wie manche Moortypen und stellen auch häufig eine Stufe während der Moorentwicklung dar.

Wirklich große Sumpfgebiete, die auch unseren Vorstellung von einem «echten Sumpf» entsprechen, gibt es in unseren Breiten kaum. In den arktischen Bereichen bilden sich ausgedehnte Sumpfgebiete über den Permafrostböden. Permafrost bedeutet, daß sich im Boden eine permanente Frostschicht befindet, die während des kurzen Sommers nicht auftaut. Permafrostböden erkennt man daran, daß die Vegetation sehr spärlich ist und sich dort keine Bäume oder Sträucher entwickeln. Weil der Boden ständig gefroren ist, kann das Wasser nicht versickern oder abfließen, und es kommt zur Sumpfbildung.

Die größten Sumpfgebiete entstehen in den Tropen und Subtropen an flachen Küsten oder entlang großer Flüsse. Weite Sumpfflächen wurden schon trockengelegt, um wertvolles Kulturland zu erhalten oder um Epidemien wie die Malaria einzudämmen. Malaria wird durch Stechmücken der Gattung Anopheles übertragen, die sich bevorzugt in den Feuchtgebieten der Tropen und Subtropen vermehren.

In Wüstengebieten gibt es häufig Salzseen. Wenn diese Seen austrocknen, was regelmäßig geschieht, entstehen Salzsümpfe. In diesen Lebensräumen können nur wenige angepaßte Pflanzenarten existieren. Diese salztoleranten Arten werden in der Gruppe der Halophyten zusammengefaßt.

Die Vegetation der Sümpfe in Mitteleuropa entspricht weitgehend den Pflanzengesellschaften der Niedermoore und Kleinseggenriede sowie der Naß- und Feuchtwiesen, die im nächsten Kapitel behandelt werden. Typische Sumpfpflanzen sind besonders an das Leben in nassen oder flach überschwemmten Standorten angepaßt: Sie entwickeln in den Zellzwischenräumen ein zusammenhängendes Durchlüftungssystem oder besitzen ein Durchlüftungsgewebe, das Aerenchym. Dieser Lufteinschluß zwischen oder in den Zellen ist eine Anpassung an die erschwerte Sauerstoffversorgung der untergetauchten Pflanzenteile.

Das Wachstum der Sumpfpflanzen ist dank der meist guten Nährstoffversorgung üppig. Da sich in den Sumpfzonen keine Bäume oder Sträucher entwickeln können, gelangt das Sonnenlicht ungehindert zu den krautigen Sumpfpflanzen und fördert deren Wachstum zusätzlich.

Auch die Fauna der Sümpfe unterscheidet sich bei uns nicht von der Tierwelt der anderen Feuchtgebiete. Alle Arten, die an nasse Lebensräume und an Sumpfpflanzen angepaßt sind, kommen hier vor.

Neben den Sümpfen gibt es die Sumpfwälder, die in unseren Breiten durch die Erlenbruchwälder vertreten sind. In den tropischen Regionen gibt es die sogenannten Sumpfregenwälder. Sumpfwälder wachsen auf Böden mit hoch stehendem, langsam abfließendem Grundwasser und können kurzzeitig oder auch einige Jahre lang überschwemmt sein. Das zwischenzeitliche Austrocknen des Bodens ist wichtig für die Sauerstoffversorgung und die Keimung der Samen. Während des Tertiärs, in der Braunkohlezeit, entstand aus Sumpfwäldern, die damals geographisch anders verteilt waren, Braunkohle.

In unseren Breiten stellen die Sümpfe keine isolierten, eigenständigen Lebensräume dar, sondern stehen immer in enger Verbindung zu Mooren oder Feuchtwiesen und lassen sich oft nicht klar von diesen abgrenzen. In den Tropen und Subtropen aber gibt es riesige Sumpfgebiete, die sich durch eine charakteristische Flora und Fauna auszeichnen und aus verschiedenen Gründen zu Berühmtheit gelangt sind.

Als Beispiel für solch ein Sumpfgebiet werden im letzten Kapitel die Everglades in Florida vorgestellt.

Naß- und Feuchtwiesen

Naß- oder Feuchtwiesen sind Lebensräume von Pflanzengesellschaften feuchter bis stark durchnäßter Böden. Die Vegetation besteht meist aus krautigen Pflanzen und Gräsern. Diese Lebensräume sind nicht an bestimmte Standorte gebunden. Sie kommen in den Auenbereichen der Flußlandschaft vor, an den Rändern von Mooren oder an anderen feuchten Stellen wie Senken oder Quellgebieten. Die Durchnässung des Bodens kann sowohl auf einem hohen Grundwasserspiegel beruhen oder durch nicht abfließendes Oberflächenwasser entstehen. Außer Feuchtwiesen, die durch natürliche Gegebenheiten baumfrei bleiben, gibt es solche, die durch menschliche Einflüsse entstanden sind und durch regelmäßige Pflege vor dem Verbuschen bewahrt werden müssen.

Röhrichte und Großseggenriede in den Verlandungsbereichen von Stillgewässern und in den Auen sind natürlich baumfrei gebliebene Feuchtgebiete. Sie wurden schon in den vorangegangenen Kapiteln behandelt. Die Kleinseggenriede gehören eigentlich schon zu den Lebensräumen, die durch anthropogenen Einfluß entstanden sind, da sie sich auf quelldurchnäßten Hängen und in Niedermooren sowie auf Standorten ehemaliger Bruchwälder, die gerodet wurden, infolge extensiver Wiesennutzung entwickelt haben. Da sie schon bei den Mooren abgehandelt wurden, sind sie in diesem Kapitel nicht noch einmal aufgeführt.

Im folgenden werden nur Naß- und Feuchtwiesengesellschaften vorgestellt, die ihre Existenz irgendwelchen menschlichen Einflüssen verdanken. Meist handelt es sich dabei um regelmäßige Mahd, aber auch durch Düngereintrag oder mechanische Beanspruchung kann die Artenzusammensetzung solcher Lebensräume verändert werden.

Feuchtpionierrasen

Diese Gesellschaften werden auch Kriech- oder Flutrasen genannt. Sie entwickeln sich auf zeitweilig überfluteten Standorten an Fluß- und Seeufern, aber auch an der Meeresküste auf nährstoffreichen, aber humusarmen Böden. Ebenso findet man sie zwischen Gründlandgesellschaften in Flußtälern oder in flachen Mulden, in denen sich Regenwasser sammelt oder nach Überflutungen das Wasser länger stehenbleibt. In Mitteleuropa werden diese Flächen häufig von verschiedenen Wasservögeln, Huftieren, Weidevieh und Menschen betreten und haben daher den Charakter einer Trittpflanzengesellschaft erhalten.

Durch länger anhaltende Überschwemmungen sterben die höheren Pflanzen an diesen Standorten aus Luftmangel ab, so daß die Pionierpflanzen der Kriechrasen als erste den Lebensraum wieder erobern. Ausläufer bildende Arten wachsen von außen schnell wieder in die frei gewordenen Stellen ein. Eine solche Pflanze ist das Weiße Straußgras (*Agrostis stolonifera*). Dieses Gras ist eine ausdauernde teppichbildende Art, die auch untergetaucht leben kann. Es bildet lange, biegsame Ausläufer, die sowohl ober- als auch unterirdisch kriechen können. Die Stengel stehen aufrecht oder liegen am Boden, wobei sie sich mit Wurzeln, die an den Knoten gebildet werden, festhalten. Auf diese Weise besiedelt das Straußgras als Pionier noch unbewachsene Lebensräume und ist gegen mechanische Einwirkungen recht widerstandsfähig. Selbst das Überschütten mit Erde oder Geschiebe macht den Pflanzen nicht viel aus, da sie mit ihren langen Ausläufern rasch wieder an die Oberfläche gelangen. Damit sind sie wertvolle Festiger von Ufern und Böschungen.

Eine weitere typische Flutrasenpflanze ist der Knickfuchsschwanz (*Alopecurus geniculatus*). Er breitet sich schnell vegetativ aus. Zusätzlich produziert er eine große Anzahl schwimmfähiger Samen, die es ihm ermöglichen, auch neue, weiter entfernte Standorte zu besiedeln. Der Anteil an widerstandsfähigen Pionierpflanzen hängt davon ab, wie hoch und wie lange die Kriechrasen überflutet werden.

Mädesüß-Hochstaudenfluren

Auf nährstoffreichen, feuchten Böden entwickeln sich üppige Hochstaudengesellschaften mit hochwachsenden, meist großblättrigen Kräutern. Benannt werden sie nach dem Mädesüß oder der Spierstaude (*Filipendula ulmaria*), einer charakteristischen und häufig vorkommenden Art.

Besonders an den Ufern von Bächen oder Gräben, die regelmäßig ausgebaggert werden und wo der schlammige, nährstoffreiche Aushub einfach daneben aufgeschüttet wird, können sich durch die damit verbundene Düngung Hochstaudengesellschaften ansiedeln, vorausgesetzt der Bereich wird nur selten gemäht. Hier herrscht das Mädesüß vor. Obwohl es wahrscheinlich bereits vor dem Eingreifen durch den Menschen Mädesüß gab, ist die heutige Verbreitung auf die Wiesenwirtschaft der vergangenen Jahrhunderte zurückzuführen.

Mädesüß-Hochstaudenfluren gehen häufig aus brachgefallenen gedüngten Sumpfdotterblumen-Wiesen hervor, die sich nicht selten in direkter Nachbarschaft zu Brenndolden-Wiesen und Pfeifengras-Streuwiesen befinden. Sie stellen eine Übergangsphase zur Entwicklung einer natürlichen Waldgesellschaft dar. Dort, wo durch mechanische Einwirkung von Mensch oder Tier lichte Stellen zwischen den Hochstauden entstehen, können sich Weiden oder Erlen ansiedeln, bis sich schließlich ein geschlossener Wald entwickelt.

Das Mädesüß ist eine stattliche Staude, die bis 1,5 Meter groß wird. Die kleinen, weißen Blüten sind in dichten Trugdolden angeordnet und besitzen einen starken, typischen Duft. Früher gewann man aus dieser Pflanze Acetylsalicylsäure, der Hauptbestandteil von Schmerzmitteln. Als man diese Substanz synthetisch herstellen konnte, verkaufte man das Produkt unter dem Namen Aspirin, den man von der alten Bezeichnung für das Mädesüß – *Spiraea filipendula* – herleitete. Der Name Mädesüß bedeutet eigentlich «metsüß», weil man die Blüten früher zum Süßen des Honigweins verwendet hat.

Neben dem Mädesüß gehören noch andere charakteristische Arten zu dieser Pflanzengesellschaft. Die meisten zeichnen sich durch einen kräftigen und hohen Wuchs aus. Viele Stauden erreichen Höhen weit über einem Meter.

Die Gelbe Wiesenraute (*Thalictrum flavum*) gehört zu den Hahnenfußgewächsen. Sie wird bis 1,2 Meter hoch. Die kleinen, gelben Blüten sind in länglichen Rispen angeordnet. Die Blütenhülle ist reduziert, so daß eine Windbestäubung stattfinden kann.

In langen, schmalen Ähren angeordnet sind die roten Blüten des Blutweiderichs (*Lythrum salicaria*). Die behaarten Samen dieser Pflanze werden meistens von Vögeln verbreitet. Auf den ersten Blick scheint der Sumpfziest (*Stachys palustris*) dem Blutweiderich sehr ähnlich zu sehen. Allerdings gehört er zu den Lippenblütlern. Die kleinen, rot-violetten Blüten sind in Scheinähren angeordnet.

Eine Auenpflanze, die auch in Mädesüßfluren gedeiht, ist der Echte Baldrian (*Valeriana officinalis*). Bei den rosafarbenen Blüten des Baldrians handelt es sich immer um männliche Blüten. Die weiblichen Blüten sind nur ein Millimeter groß und unscheinbar weiß. Meistens befinden sich sowohl männliche als auch weibliche Blüten an einem Blütenstand. Zu den etwas zarteren Pflanzen in dieser Gesellschaft gehört der Sumpfstorchschnabel (*Geranium palustre*), der immerhin noch eine Höhe von 60 Zentimeter erreichen kann. Die Blüten bei dieser Art können bis zu vier Zentimeter im Durchmesser erreichen, sind rot-violett gefärbt und besitzen eine dunkle Aderung. Die Storchschnabelgewächse haben ihren Namen wegen der langgestielten Frucht erhalten, die wohl an den langen

Schnabel eines Storches erinnert. Die Frucht wird aus sehr langen Fruchtblättern gebildet, die am Grunde die Samenanlage tragen. Sind die Samen reif geworden, werden sie ähnlich wie beim Springkraut durch Hochschnellen der äußeren Fruchtblätter weit fort geschleudert.

Besonders an Bach- und Grabenufern gesellen sich der Langblättrige Ehrenpreis (*Veronica longifolia*) und das Sumpfhelmkraut (*Scutellaria galericulata*) dazu, beide mit blauen Blüten.

Wegen ihrer wasserrückhaltenden Eigenschaften wirken die Mädesüß-Hochstaudenfluren regulierend auf den natürlichen Wasserhaushalt. Noch viel wichtiger ist aber ihre Bedeutung für die Arten- und Biotopvielfalt. Die vielen verschiedenen, üppig blühenden Stauden sind ein Paradies für Insekten, insbesondere für Schmetterlinge. Für die Tierwelt sind Hochstaudenfluren wertvolle Ausgleichsflächen in der sonst so intensiv bewirtschafteten Landschaft. Hinzu kommt, daß in solchen Grenzbiotopen immer eine besonders hohe Artenvielfalt herrscht. Die Mädesüß-Hochstaudenfluren stellen einen Übergang von Bachufern zu genutzten Wiesenflächen oder von ehemaligen Wirtschaftswiesen zu Waldgesellschaften dar. In jedem Fall setzt sich die Tierwelt aus typischen Arten aller benachbarten Biotope zusammen und wird ergänzt durch Charakterformen dieses Feuchtflächentyps. Dieses Beispiel beweist wiederum, daß eine reiche Strukturierung durch Vernetzung unterschiedlicher Biotope eine große Artenvielfalt ermöglicht. Die Mädesüß-Hochstaudenfluren gehören zu den wenigen Feuchtflächen, die nicht aus unserer Natur verschwinden, sondern in ihrem Bestand sogar zunehmen. Wie schon erwähnt, gehen sie aus nicht mehr genutzten Wirtschaftswiesen hervor und entstehen an Bachufern. Da die Nutzung feuchter Wiesen heutzutage für viele Landwirte unrentabel und zu arbeitsaufwendig ist, lassen sie sie häufig brachliegen. Auf diese Weise verschwinden zwar andere wertvolle Feuchtflächen, als Übergangsstadium zum Eschenwald bilden sich aber zunächst die Hochstaudenfluren.

Da landwirtschaftliche Nutzflächen oft bis an Bäche und Gräben heranreichen, sind deren Ufer nicht mehr mit Büschen und Bäumen bewachsen, die den Bach beschatten und dadurch ein übermäßiges Wachstum der Wasserpflanzen verhindern. Daher fällt in den kleinen Fließgewässern viel Biomasse an, so daß sie regelmäßig ausgebaggert werden, damit sie nicht völlig zuwachsen und verschlammen. Der Aushub düngt die Ufer. So verdanken viele Hochstaudenbestände also ihre Existenz der intensiveren landwirtschaftlichen Nutzung und der Ordnungsliebe der Bauern.

Bleiben diese Vegetationsgemeinschaften jahrelang unbeeinflußt, kann eine Verbuschung eintreten und sich allmählich eine Waldgesellschaft entwickeln. Um sie zu erhalten, müßten die Hochstaudenfluren alle paar Jahre einmal abgemäht werden. Je nach Standort bleiben Mädesüß-Hochstaudenfluren also ohne jeglichen menschlichen Einfluß oder durch extensive Pflege erhalten.

Sumpfdotterblumen-Wiesen

Die Sumpfdotterblumen-Wiese ist der am intensivsten genutzte Feuchtwiesentyp. Im Rahmen der landwirtschaftlichen Nutzung werden diese Wiesen regelmäßig gedüngt und mindestens zweimal im Jahr gemäht. Das Heu wird als Futter verwendet. In dieser Gruppe werden alle gedüngten Naß- und Feuchtwiesen zusammengefaßt. Sie nehmen eine Mittelstellung zwischen den Fettwiesen und -weiden, die ausschließlich der Grünfuttererzeugung dienen, und den Pfeifengras-Streuwiesen ein. Die Sumpfdotterblumen-Wiesen liefern zwar auch Grünfutter, aber der für Fettwiesen charakteristische Glatt- und Goldhafer fehlt. Je nach Klima, Basen- und Wassergehalt des Bodens und Art der Bewirtschaftung variiert die Artenzusammensetzung der Pflanzengesellschaften. Typisch ist das Vorkommen zahlreicher feuchte- und nässeanzeigender Arten wie Seggen und Binsen. Die Sumpfdotterblume kann gelegentlich fehlen.

Je nach vorherrschender Pflanzengesellschaft unterscheidet man innerhalb der Sumpfdotterblumen-Wiesen mehrere Typen.

Ein weit verbreiteter Typ dieser nährstoffreichen Feuchtwiesen ist die Kohldistel-Wiese. Sie bevorzugt basenreiche, mineralhaltige nasse Böden. Hier wachsen einige Pflanzenarten, die auch in den basenreichen Zwischenmooren zu finden sind.

Im Frühling fällt zunächst die Blütenpracht der Sumpfdotterblumen (*Caltha palustris*) und des Wiesenschaumkrauts (*Cardamine pratensis*) auf. Die Sumpfdotterblume liebt sehr nasse Standorte und ist auch an Bachläufen und in Auenwäldern zu finden. Die ausdauernde, zu den Hahnenfußgewächsen zählende Pflanze besitzt einen kräftigen Wurzelstock und einen niederliegenden Wuchs. Sie ist eine willkommene Nahrungsquelle für nektarsaugende Insekten. Das Weidevieh dagegen verschmäht die Pflanze wegen ihres scharfen Geschmacks. Das Wiesenschaumkraut ist zwar eine Art der Fettwiesen; sie wächst aber auch an weniger nassen Standorten. Die weißlich bis blaßlila gefärbten Blüten blühen ebenso wie die leuchtend gelb gefärbten Blüten der Sumpfdotterblume von April bis Juni. Die Kohldistel (*Cirsium oleraceum*), nach der dieser Wiesentyp benannt ist, kann bis zu 1,5 Meter hoch werden. Im Gegensatz zu anderen

Kratzdistelarten sind ihre Blätter weich und stechen kaum. Die gelblich-weißen Blütenköpfe sitzen gehäuft am Stiel und werden von blaßgrünen, eiförmigen Hochblättern umgeben. Dadurch wirken die Blütenstände sehr unscheinbar und sind von weitem kaum als solche zu erkennen. Die kräftige Pflanze blüht von Juli bis September. Häufig mit ihr vergesellschaftet ist die Sumpfkratzdistel (*Cirsium palustre*). Wie der Name schon vermuten läßt, sind Stengel und Blätter dornig bewehrt. Die roten Blütenköpfe sind ebenfalls in Gruppen angeordnet, werden aber nicht von Hüllblättern umgeben. Beide Kratzdistelarten sind charakteristisch für feuchte Standorte.

Weitere Nässeanzeiger sind das Sumpfvergißmeinnicht (*Myosotis palustris*) und der Sumpfpippau (*Crepis paludosa*). Das Sumpfvergißmeinnicht hat einen dicken behaarten, kantigen Stengel und ist dicht mit langen, haarigen Blättern besetzt. Die kleinen, blauen Blüten sind denen des Gartenvergißmeinnichts sehr ähnlich. Der Sumpfpippau ist eine der unzähligen gelben Korbblütlerarten, die schwer zu unterscheiden sind. Da es aber nur wenige Arten gibt, die auf nassem Boden wachsen, läßt sich die Pflanze mit den zarten dünnen Stengeln und den weichen Blättern leicht identifizieren. Die Bachnelkenwurz (*Geum rivale*) und der Sumpfhornklee (*Lotus uliginosus*) sind hier ebenso zu finden wie der Kleine oder Sumpfbaldrian (*Valeriana dioica*) und die Waldengelwurz (*Angelica sylvestris*). Die Bachnelkenwurz bevorzugt kühlfeuchte Klimazonen bis in 2000 Meter Höhe. Für die Ausbreitung ihrer Samen hat sie eine besondere Methode entwickelt: Der Griffel bleibt als Widerhaken an den Früchten hängen, so daß sie sich wie Kletten vermehren. Die Waldengelwurz enthält ätherische Öle, die als Kräftigungsmittel und zum Einreiben bei Rheuma und Arthritis verwendet werden.

Eine eigentlich für Feuchtwiesen typische, aber bei uns kaum mehr anzutreffende Art ist die Schachblume (*Fritillaria meleagris*). Sie gehört zur Familie der Liliengewächse und ist eine ausdauernde Zwiebelpflanze. Wo sie heute noch vorkommt, wächst sie in großen Beständen. Ihren Namen hat sie wegen des schachbrettähnlichen Musters auf ihren purpurbraunen Blüten erhalten. Den meisten dürfte diese wunderschöne Blume nur aus Gärten bekannt sein.

Auch die Orchideenarten feuchter Standorte reagieren sehr empfindlich auf Veränderungen ihres Lebensraumes. Das Fleischrote Knabenkraut (*Dactylorhiza incarnata*) und das Breitblättrige Knabenkraut (*Dactylorhiza majalis*) findet sich noch auf Feuchtwiesen. Die Sumpfstendelwurz (*Epipactis palustris*), die wie die Knabenkräuter auch in basenreichen Zwischenmooren vorkommt, ist gelegentlich auf ursprünglich erhaltenen Feuchtwiesen anzutreffen. Hat sie sich einmal angesiedelt, breitet sie sich mit Hilfe ihres ausläufertreibenden Wurzelstocks schnell über große Bereiche aus und bildet große Bestände.

Einige Sauergräser sind besonders typisch für nährstoffreiche Feuchtwiesen. Hierzu zählen die Sumpfsegge (*Carex acutiformis*), die Schlanke Segge (*Carex gracilis*) und die Waldsimse (*Scirpus sylvaticus*). Auch die Binsengewächse sind mit der Fadenbinse (*Juncus filiformis*) auf diesen Wiesen vertreten. Die Kuckuckslichtnelke (*Lychnis flos-cuculi*), der Scharfe Hahnenfuß (*Ranunculus acris*), der Große Wiesenknopf (*Sanguisorba officinalis*), der Wiesenknöterich (*Polygonum bistorta*) und der Wiesensauerampfer (*Rumex acetosa*) sind typische Arten der Fettwiesen, siedeln sich aber auch auf feuchteren Standorten an.

Das Vorkommen verschiedener Süßgräser wie Wiesenfuchsschwanz (*Alopecurus pratensis*), Wiesenschwingel (*Festuca pratensis*), Wolliges Honiggras (*Holcus lanatus*) und Gewöhnliches Rispengras (*Poa trivialis*) weist auf die nahe Verwandschaft zu den intensiver als Mähwiesen oder Viehweiden genutzten Fettwiesen hin.

In den montanen Gebieten ändert sich die Zusammensetzung der Naßwiesen, und einige neue Arten gesellen sich hinzu. Man trifft hier den Typ der Trollblumen-Bachdistelwiese an. Sie verdankt ihren Namen der leider auch stark in ihrem Bestand gefährdeten Trollblume (*Trollius europaeus*). Diese Pflanze gehört zu den Hahnenfußgewächsen und besitzt große, auffallend gelbe, kugelige Blüten, die schon von weitem leicht zu erkennen sind. Die Blütenblätter sind dicht geschlossen und lassen nur bei Sonnenschein eine kleine Öffnung frei, so daß kleine Insekten hineingelangen und die Blüten bestäuben können.

Öfter trifft man auf eine weitere Variation der Sumpfdotterblumen-Wiesen, die Rasenschmielen-Feuchtwiesen. Hier dominiert die zu den Süßgräsern zählende Rasenschmiele (*Deschampsia caespitosa*) in der Pflanzengesellschaft, die ansonsten den vorher beschriebenen Typen entspricht. Dies verdankt sie dem Umstand, daß nach der Mahd Weidevieh auf die Wiesen getrieben wird, das die harte Rasenschmiele meidet. An Sauergräsern wachsen hier die Wiesensegge (*Carex nigra*) und die Hirsesegge (*Carex panicea*).

Der geringere Nährstoffgehalt des Bodens prägt die Vegetation dieser Feuchtwiesen. Werden diese Flächen besser gedüngt und zweimal gemäht, können sie sich zu Kohldistel-Wiesen entwickeln.

Alle verschiedenen Sumpfdotterblumen-Wiesen sind Rückzugsgebiete für bedrohte Feuchtflächenpflanzen. Sie weisen eine große Artenvielfalt an Blütenpflanzen auf. Aber auch für viele Vogelarten sind diese Wiesen wichtige Brutgebiete. Durch die extensive Nutzung können die Vögel in Ruhe ihre Brut aufziehen. Da durch die mäßige Düngung der

110

Wuchs nicht so dicht ist, sind die Jungvögel in der Lage, sich problemlos fortzubewegen und auf Nahrungssuche zu gehen. Nicht zuletzt spielen diese Feuchtwiesen eine wichtige Rolle beim natürlichen Wasserhaushalt. Sie halten bei Überschwemmung Hochwasser zurück und tragen dadurch zur Grundwasserbildung bei. Sobald von der ursprünglichen Nutzung abgewichen wird, sind die Sumpfdotterblumen-Wiesen gefährdet. Wird die Nutzung vollständig aufgegeben, entwickelt sich über das Stadium der Mädesüß-Hochstaudenfluren allmählich eine Waldgesellschaft. Bei Intensivierung, d.h. bei stärkerer Düngung und häufigerer Mahd, oder bei Entwässerung verschwindet die typische Pflanzengesellschaft und mit ihr die letzten seltenen Arten.

Brenndolden-Wiesen

Dieser Wiesentyp unterscheidet sich von den ansonsten sehr ähnlichen Sumpfdotterblumen-Wiesen dadurch, daß die Wiesen nicht vom Menschen, sondern auf natürliche Weise gedüngt werden. Die Brenndolden-Wiesen befinden sich in den Flußauen im Osten Mitteleuropas und werden regelmäßig überschwemmt und mit nährstoffreichen Sedimenten versorgt. Durch die periodischen Überflutungen wird der Charakter einer Feuchtwiese erhalten.

Ihren Namen erhält diese Vegetationsgesellschaft von der weißblühenden Sumpfbrenndolde (*Cnidium dubium*), einem nur an feuchten Standorten vorkommenden Doldengewächs.

Pfeifengras-Streuwiesen

Pfeifengras-Wiesen sind wohl die Feuchtwiesen mit der größten Artenvielfalt und einer farbenprächtigen Blütenfülle von Frühjahr bis Herbst. Ohne zusätzliche Düngung wurden diese Wiesen früher als Streuwiesen genutzt, indem man sie einmal im Herbst – nicht vor September – gemäht hat. Das strohige Mähgut diente als Einstreu für die Ställe. Durch die späte Mahd werden dem Boden kaum Nährstoffe entzogen, da sie zum größten Teil schon in den unterirdischen Organen der Pflanzen gespeichert sind. Spät entwickelnde Pflanzen haben die Chance, sich noch nach der Mahd durchzusetzen. Alle anderen Arten haben schon geblüht und Samen gebildet, so daß sie durch den Schnitt nicht beeinträchtigt werden.

Die typischen, artenreichen Pfeifengras-Wiesen entwickeln sich auf feuchten, kalkhaltigen Böden. Es gibt zwar auch bodensaure Pfeifengras-Wiesen, die allerdings eine weniger vielfältige Flora aufweisen. Pfeifengras-Rasen können als Folgegesellschaft auf entwässerten Nieder- und auch Hochmooren entstehen.

Auf relativ trockenen Böden entwickeln sich Gesellschaften, die den Borstgras-Rasen ähnlich sein können. In Flußtälern trifft man die Pfeifengras-Wiesen manchmal neben den Brenndolden-Wiesen, die jedoch an feuchte Standorte in Bodensenken, Rinnen und Mulden gebunden sind. Durch Düngung und intensivere Bewirtschaftung lassen sie sich in nährstoffreichere Sumpfdotterblumen-Wiesen überführen. Werden sie nicht mehr gemäht, entwickeln sich allmählich Mädesüß-Hochstaudengesellschaften, die zur Waldbildung überleiten.

Heute gibt es nur noch kleine Bestände von Pfeifengras-Streuwiesen in den Mittelgebirgen und im Alpenvorland.

Das namengebende Pfeifengras (*Molinia caerulea*) ist ein hohes, horstbildendes Gras mit langen, starken Wurzeln, die auch bei oberflächlicher Trockenheit die Pflanze ausreichend mit Wasser versorgen. Die Stengel hat man früher zum Reinigen von Tabakspfeifen verwendet. Das Pfeifengras erscheint erst recht spät im Frühjahr und blüht von Juli bis September. Die Rispen mit den blauvioletten Ährchen prägen dann das Bild der Pfeifengras-Wiesen zusammen mit den vielen blühenden, krautigen Pflanzen. Im Herbst färbt sich das Pfeifengras leuchtend goldgelb.

Eine Art, die immer mit den Pfeifengras-Wiesen des Alpenvorlands in Verbindung gebracht wird, ist der Schwalbenwurzenzian (*Gentiana asclepiadea*). Er gehört zu den höherwüchsigen Enzianarten. Die großen blauen, glockenförmigen Blüten sind übereinander aufrecht stehend, einseitig am Stiel angeordnet. Sie werden vorwiegend durch Hummeln bestäubt. Auch der Lungenenzian (*Gentiana pneumonanthe*) wächst auf den Pfeifengras-Wiesen. Die Blüten sehen denen des Schwalbenwurzenzians sehr ähnlich, erscheinen aber nur in kleinen Gruppen in den oberen Blattachseln oder endständig. Diese Enzianart kommt im Gegensatz zu den meisten anderen Arten vorwiegend im Flachland vor. Früher galt diese Pflanze als Heilmittel gegen Lungenkrankheiten.

Lange bevor der Enzian blüht, erscheinen schon im März die gelben Blüten der Hohen Schlüsselblume (*Primula elatior*) und die weißen Blütensterne des Buschwindröschens (*Anemona nemorosa*). Beide Arten sind eigentlich feuchtigkeitsliebende Waldpflanzen, die aber die lange Frühjahrsruhe und damit den ungehinderten Lichteinfall der Pfeifengras-Wiesen ausnutzen. Von Mai bis Juni blühen dann zwei selten gewordene Schwertliliengewächse. Die Sibirische Schwertlilie (*Iris sibirica*) bildet oft ausgedehnte Bestände, die durch ihre großen blauen Blüten auffallen. Sie ist häufig mit Pfeifengras vergesellschaftet. Weniger auffällig ist die kleinere Sumpfsiegwurz (*Gladiolus palustris*). Sie ist die einzige einheimische Gladiolenart. Die formen- und farbenprächtigen Gartenzüchtungen stammen von südafrikanischen Arten ab. Die roten Blüten sind zu drei bis sechs Stück in einseitigen, lockeren Blütenähren angeordnet. Die Sumpfsiegwurz lebt gerne gesellig, kommt aber heute nur noch zerstreut vor.

Auch die Gruppe der Orchideen ist auf den Pfeifengras-Wiesen vertreten. Eine Art ist die Mückenhändelwurz (*Gymnadenia conopsea*). Die kleinen blaßrosa bis rotvioletten Blüten sind in einem bis zu 25 Zentimeter langen, zylindrischen Blütenstand angeordnet. Der feine Duft, der gegen Abend besonders intensiv wird, lockt Tag- und Nachtfalter an. Den Namen verdankt die Pflanzengattung der handförmig geteilten Wurzelknolle, mit deren Hilfe sie überwintert.

Der Heilziest (*Betonica officinalis*) gedeiht auch in lichten Laubwäldern. Die kleinen, rosafarbenen Lippenblüten sind dicht in einem walzenförmigen Blütenstand angeordnet. Früher wurde der Heilziest als Arzneipflanze geschätzt. Die Prachtnelke (*Dianthus superbus*) macht ihrem Namen alle Ehre. Die großen rosafarbenen Blüten prägen das Bild der sommerlichen Pfeifengras-Wiese. Die Blütenblätter sind bis über die Hälfte eingeschlitzt und sehen dadurch wie ausgefranst aus. Außerdem verströmen die Blüten einen intensiven, angenehmen Duft. Die Bestäubung erfolgt nur durch langrüsselige Tagschwärmer. Sie können schwirrend vor der Blüte in der Luft stehen. Wenn sie mit ihrem langen Rüssel den Nektar tief aus der Blütenröhre saugen, bestäuben sie dabei die Narbe. Bis in den September hinein blüht die Färberscharte (*Serratula tinctoria*), die zu den Korbblütengewächsen gehört. Die kleinen purpurfarbenen Blütenköpfe sind jeweils zu mehreren zusammengefaßt. Der Pflanzensaft wurde früher zur Herstellung von verschiedenen Farbstoffen verwendet. Auch als Heilpflanze setzte man die Färberscharte ein.

Die Böden der Pfeifengras-Streuwiesen gehören zu den stickstoffärmsten Mitteleuropas. Der meiste Stickstoff liegt gebunden in den Pflanzenteilen vor. Wird eine Pfeifengras-Wiese nicht mehr gemäht, gelangt durch die absterbenden Pflanzen mehr Stickstoff als üblich in den Boden. Dadurch können stickstoffliebende Pflanzen wie Hochstauden oder Großseggen aufkommen und die typische Pflanzengesellschaft, für die dann ohnehin ungünstigere Bedingungen herrschen, verdrängen.

Borstgrasrasen

Die Borstgrasrasen sind mit den Zwergstrauchheiden, die auf entwässerten Hochmooren entstehen, eng verwandt und oft auch räumlich mit ihnen verbunden. Beide Pflanzengesellschaften sind durch menschlichen Einfluß entstanden und können in dieser Form auch nur durch fortgesetzte Nutzung bestehen bleiben.

Wie bei der Heidelandschaft gibt es hier trockene und feuchte Ausprägungen. Die feuchten Borstgrasrasen kommen auf sauren, humusreichen, aber nährstoffarmen Böden in kühlen, niederschlagsreichen Gegenden vor. Man findet sie vorwiegend in alpinen und subalpinen Zonen, aber auch in den Mittelgebirgen und in Heidegebieten der Ebene. Auf extensiv beweideten Flächen dominiert das Borstgras, da es vom Weidevieh gemieden wird. Es profitiert davon, daß andere Pflanzenarten durch den Viehverbiß geschwächt werden.

Die Pflanzengesellschaft der Borstgrasrasen unterscheidet sich erheblich von Gesellschaften anderer Feuchtflächen. Da es Borstgrasrasen in trockenem und feuchtem Milieu gibt, findet man hier Pflanzen, die an beiden Standorten gedeihen und als Charakterarten der Magerrasen angesehen werden. Gemeinsames Merkmal aller Arten ist die Vorliebe für nährstoffarme Böden.

Das Borstgras (*Nardus stricta*) ist ein niederwüchsiges Gras und besitzt rauhe Blätter, die zu Borsten eingerollt sind. Es bildet dichte graugrüne Horste. Die einblütigen Ährchen sind mit Grannen versehen. Wegen dieser Borsten wird das Gras nur ungern von Tieren gefressen. Eine weitere Charakterart von Borstgrasrasen ist die Arnika oder Bergwohlverleih (*Arnica montana*). Diese schon seit langem geschützte Pflanze gehört zu den Korbblütengewächsen. Bis auf wenige Blätter, die ungefähr in halber Höhe gegenständig am Stiel sitzen, sind alle anderen in einer grundständigen Rosette angeordnet. Die orange-gelben Blütenköpfe stehen meist einzeln und können bis zu acht Zentimeter im Durchmesser erreichen. Blüte und Wurzel liefern wertvolle Heilmittel gegen Quetschungen und Blutergüsse.

Vom äußeren Erscheinungsbild ähnlich ist die Niedrige Schwarzwurzel (*Scorzonera humilis*), die recht selten geworden ist. Ihren Namen verdankt sie der schwarz gefärbten Wurzel. Das Blütenköpfchen ist leuchtend gelb. Eine Kulturform dieser Pflanzengattung wird als Gartengemüse angebaut.

Ein Korbblütengewächs ganz anderer Art ist das Gemeine Katzenpfötchen (*Antennaria dioica*). Die unterseits silbergrau behaarten Blätter sind in einer grundständigen Rosette angeordnet. Die Blütenköpfchen sitzen zu mehreren vereint am oberen Ende des Stiels. Die Hüllblätter der weiblichen Köpfe sind rosa, die der männlichen weiß gefärbt. Durch oberirdische Ausläufer breitet sich die Pflanze aus.

Die Grüne Hohlzunge (*Coeloglossum viride*) ist eine zarte, recht unscheinbare Orchideenart, die leicht zu übersehen ist. Die kleinen Blüten sind dicht in einer Ähre angeordnet und grün gefärbt oder rötlich überlaufen.

Weitere Arten der Borstgrasrasen sind die blaublühende Gemeine Kreuzblume (*Polygala vulgaris*) und das gelbe Gefleckte Johanniskraut (*Hypericum maculatum*). Die Kreuzblume ist ein typischer Magerkeitsanzeiger. Die eigentümliche Blütenform läßt nur eine Bestäubung durch Insekten zu; die Samen werden durch Wind und Ameisen verbreitet.

In höheren Lagen der Alpen stellen sich auf diesen Standorten auch verschiedene Enzianarten ein. Mit ihren meist leuchtend blauen oder purpurroten Blüten gehören sie zu den schönsten Alpenpflanzen und sind entsprechend in ihrem Bestand gefährdet. Auf Borstgrasrasen findet man den Stengellosen Enzian (*Gentiana acaulis*), den Ungarischen Enzian (*Gentiana pannonica*), den Punktierten Enzian (*Gentiana punctata*) und den Purpurroten Enzian (*Gentiana purpurea*).

Auch von den Sauergräsern sind einige Arten vertreten. Hierzu zählen die Flohsegge (*Carex pulicaris*) und die Bleiche Segge (*Carex pallescens*).

Das Vorkommen von Heidekraut (*Calluna vulgaris*), Heidelbeere (*Vaccinium myrtillus*) und Preiselbeere (*Vaccinium vitis-idaea*) weist auf die Verwandtschaft zwischen Borstgrasrasen und Zwergstrauchheiden hin.

Die Borstgrasrasen bringen eine höhere Artenvielfalt hervor als die Zwergstrauchheiden. Sie sind wertvolle Rückzugsgebiete für gefährdete Tier- und Pflanzenarten. Da es durch die intensive Bewirtschaftung heute kaum noch ungedüngte Flächen gibt, sollten diese nährstoffarmen Lebensräume unbedingt erhalten werden.

Die Borstgrasrasen verdanken ihre Existenz einer Bewirtschaftungsform, die örtlich schon vor 5000 Jahren begann. Zunächst wurden diese Flächen entbuscht oder sogar großflächig abgebrannt und konnten dann als Weidefläche für Schafe, Ziegen oder Rinder, sogenannte Triften, Huten oder Trittweiden, genutzt werden. Triften ist die Bezeichnung für nicht eingezäunte, unregelmäßig beweidete Flächen. Da das Weidevieh das Borstgras nicht fraß, herrschte diese Pflanzenart vor. Später nutzte man die Borstgrasrasen nur noch zur Streugewinnung oder gelegentlich als Notfutter. Seitdem keine Einstreu mehr benötigt wird, hat man viele dieser Lebensräume entwässert und in Intensivgrünland umfunktioniert oder mit Fichten aufgeforstet. Aus diesem Grund sind besonders die Borstgrasrasen der tieferen Lagen gefährdet. In den Hochlagen kann sich diese Vegetationsgesellschaft auf den für den Skisport freigehaltenen Flächen und auf ungedüngten Bergweiden noch durchsetzen. Zum Erhalt dieser Lebensräume ist eine extensive Bewirtschaftung notwendig. Auch wenn die Borstgrasrasen nicht in Intensivgrünland oder Wald umgewandelt werden, sondern einfach sich selbst überlassen bleiben, existieren sie in der ursprünglichen Form nicht lange weiter. Durch Verbuschung wird die typische Pflanzengesellschaft zurückgedrängt.

Feuchte Wirtschaftswiesen

Dieser Feuchtgebietstyp zeichnet sich dadurch aus, daß der Boden durch Überschwemmungen oder zeitweilig hoch anstehendes Grundwasser besonders in Mulden und Senken feucht bis naß ist. Solche Wiesen findet man vor allem im Auenbereich von Bächen und Flüssen. Früher wurden sie durch mäßige Düngung mit Stallmist sowie späte ein- bis zweimalige Mahd genutzt.

Die feuchten Wirtschaftswiesen besitzen keine charakteristische Pflanzengesellschaft. Verschiedene feuchtigkeitsliebende krautige Pflanzen gedeihen hier gut, ebenso Süßgräser und typische Blumenarten der Fettwiesen, beispielsweise das Wiesenschaumkraut (*Cardamine pratensis*), der Scharfe Hahnenfuß (*Ranunculus acris*), die Kuckuckslichtnelke (*Lychnis flos-cuculi*), der Kriechende Günsel (*Ajuga reptans*), der Waldstorchschnabel (*Geranium sylvaticum*), die Herbstzeitlose (*Colchicum autumnale*) und die Waldengelwurz (*Angelica sylvestris*).

Der Entwicklungszyklus der Herbstzeitlose ist an den Mahd-Rhythmus besonders angepaßt: Zwischen Bestäubung und Befruchtung vergeht eine lange Zeitspanne, da der Fruchtknoten unter der Erde liegt. Im Herbst entsteht neben der alten Sproßknolle eine neue, aus der sich der Blütensproß im kommenden Jahr entwickelt. Während des Frühjahrs und des Sommers bilden sich Reservestoffe, die in der nächsten Vegetationsperiode benötigt werden. Da die Pflanze erst im Herbst blüht und sich die wichtigen Organe unter der Erde befinden, wird sie durch die Wiesenbewirtschaftung nicht beeinträchtigt.

Unter den Gräsern findet man den Wiesenfuchsschwanz (*Alopecurus pratensis*), das Wollige Honiggras (*Holcus lanatus*) und den Wiesenschwingel (*Festuca pratensis*), gelegentlich auch den Großen Wiesenknopf (*Sanguisorba officinalis*), den Roßfenchel (*Silaum silaus*) und die Kohldistel (*Cirsium oleraceum*).

Feuchte Wirtschaftswiesen sind Flächen, die stark durch den Menschen geprägt wurden. In jüngerer Zeit sind viele der bisher vorgestellten Feuchtbiotope aus unserem Naturhaushalt verschwunden. Mit ihnen ging auch der Lebensraum zahlreicher Tierarten verloren. Die feuchten Wirtschaftswiesen sind für viele dieser Arten eine Art Ausgleichsfläche. Besonders Vogelarten, die ursprünglich in Mooren oder sumpfigen Gebieten gelebt haben, ziehen sich in diese Gegenden zurück. Vorwiegend Bodenbrüter, die ihr Nest versteckt zwischen den Wiesenpflanzen am

Boden anlegen, finden hier noch geeignete Lebensbedingungen. Sie können ihre Jungen nur erfolgreich aufziehen, wenn die Wiese nicht bewirtschaftet wird, solange die Jungvögel noch im Nest sind.

Die Tiere der Feuchtwiesen

Nicht jedem Feuchtwiesentyp kann unbedingt eine charakteristische Fauna zugeordnet werden, da viele Arten verschiedene dieser Feuchtflächen, die meistens recht ähnliche Lebensbedingungen aufweisen, bewohnen.

Auf Feuchtwiesen leben mindestens 3500 Tierarten, von denen die meisten zu den kleinen Insekten und anderen Gliedertieren gehören. Von den zahllosen Milben, Spinnen, Tausendfüßern, Zikaden und Schlupfwespen seien keine einzelnen Arten genannt. Die Käfer sind besonders mit Rüssel- und Blattkäfern zahlreich vertreten. Die Blütenvielfalt lockt viele Bienen und Hummeln an. Aus der Gruppe der Libellen, der Heuschrecken und der Schmetterlinge werden im folgenden einige Arten aufgeführt.

Auf den seggen- und binsenreichen Naßwiesen, den Sumpfdotterblumen-Wiesen, können wir einige Libellenarten beobachten, darunter die Gebänderte Heidelibelle (*Sympetrum pedemontanum*) und die Gefleckte Smaragdlibelle (*Somatochlora falvomaculata*). Libellen sind in diesen Lebensräumen nicht allzu häufig vertreten, da sie für ihre Entwicklung freies Wasser benötigen und deshalb auch vorwiegend in der Nähe von Gewässern anzutreffen sind. Nur wenige Arten entfernen sich gelegentlich weiter weg.

Heuschrecken dagegen, neben den Libellen die zweite große Gruppe der primitiven Insekten mit unvollständiger Entwicklung, bevorzugen eher trockenere Biotope.

Pfeifengras-Streuwiesen bieten der Sumpfschrecke (*Mecosthethus grossus*) und der Großen Goldschrecke (*Chrysochraon dispar*) Lebensraum. Beide Arten sind stark gefährdet.

Die meisten Heuschreckenarten – z.B. die Rotflügelige Schnarrschrecke (*Psophus stridulus*), die Gefleckte Schnarrschrecke (*Bryodema tuberculata*), die Blauflügelige Sandschrecke (*Sphingonotus caerulans*), Ramburs Grashüpfer, den Schwarzfleckigen Grashüpfer und den Gebirgsgrashüpfer (Familie *Acrididae*) – trifft man auf den Borstgrasrasen an. Die Vielfalt dieser Tiergruppe ist hier bedingt durch die enge Verwandtschaft der feuchten und trockenen Ausbildungen der Borstgrasrasen.

Alle genannten Arten gehören zur Familie der Feldheuschrecken, die an den kurzen Fühlern zu erkennen sind. Die Sumpfschrecke, die Schnarrschrecken und die Sandschrecken werden der Untergruppe der Schnarrheuschrecken zugeordnet. Bedingt durch den Bau ihrer Schrillorgane können diese Tiere nur schnarrende Laute erzeugen und beherrschen nicht so viele verschiedene «Gesänge» wie andere Heuschrecken. Die prächtige Färbung ihrer Flügel ist nur im Flug zu sehen. Lassen sie sich irgendwo nieder, sind sie praktisch unsichtbar, da ihre Grundfärbung der Umgebung angepaßt ist. Die anderen erwähnten Arten gehören zu den eigentlichen Feldheuschrecken. Diese Gruppe ist mit unzähligen Arten, die auch für Fachleute nur sehr schwer zu bestimmen sind, im Sommer auf den Wiesen unterwegs.

Die Blütenvielfalt der unterschiedlichen Feuchtwiesen lockt zahlreiche verschiedene Falterarten an.

Ein Paradies für Schmetterlinge sind die Mädesüß-Hochstaudenbestände. Hier kann man besonders viele Arten der hübschen Flecken- oder Edelfalter, wie den Admiral (*Vanessa atalanta*) und den eng verwandten Distelfalter (*Vanessa cardui*), beobachten. Ihre Raupen leben auf Brennesseln, die des Distelfalters auch auf Disteln, Hopfen und anderen Pflanzen. Auch die Raupen des Tagpfauenauges (*Inachis io*) und des Kleinen Fuchs (*Aglais urticae*) sind auf Brennesseln als Futterpflanze angewiesen. Beide Arten kommen recht häufig vor, da die stickstoffliebenden Brennesseln an vielen anderen Standorten in ausreichenden Mengen zur Verfügung stehen.

Eine typische Art der Mädesüß-Gesellschaften ist der Violette Silberfalter (*Brenthis ino*), der allerdings weder violett noch silbern, sondern gelblich-braun gemustert ist. Dieser Fleckenfalter ist eng an feuchte Lebensräume gebunden. Die Raupen leben auf Mädesüß, Brombeeren und Geißbart. Der Falter liebt kühle Standorte und kommt bis in Höhen von 1500 Metern vor.

Der Nachtkerzenschwärmer oder Kleine Oleanderschwärmer (*Proserpinus proserpina*) bevorzugt feuchte Niederungen und Uferbereiche und ernährt sich von typischen Feuchtpflanzen. Die Raupen leben auf Nachtkerzen und Weidenröschen, die häufig an Bachufern wachsen.

Sehr auffällig, aber scheu ist die Spanische Flagge (*Callimorpha dominula*). Sie gehört zu den Bärenspinnern und ist sowohl tags als auch nachts aktiv. Die dunklen Vorderflügel sind mit einigen hellen Flecken versehen, wogegen die hellroten Hinterflügel dunkel gefleckt sind. Dieser Falter sucht feuchte, stickstoffreiche Vegetationen auf, da er dort seine Futterpflanzen findet. Die Raupen fressen an verschiedenen Pflanzen, gerne an Brennesseln.

Zu den nachtaktiven Arten gehört die Messingeule (*Diachrysia chry-*

118

sitis) aus der Familie der Eulenfalter. Die Raupen ernähren sich u.a. von Brennesseln und Taubnesseln. Die Falter bevorzugen Standorte in Niederungen mit frischer Vegetation. Eine andere ähnlich aussehende Art ist der Wolfsmilchspinner (*Malacosoma castrense*), der zu den Glucken zählt.

Auf den Pfeifengras-Streuwiesen können wir neben dem Violetten Silberfalter den Großen Heufalter (*Coenonympha tullia*) beobachten. Beide Arten sind typisch für Feuchtgebiete. Der Heufalter kommt in kühlen Biotopen bis zu 2000 Meter Höhe vor. Diese Art gehört zu den Augenfaltern. Die Raupen leben auf verschiedenen Sumpfgräsern.

Einige Arten aus der Gruppe der Perlmutterfalter, die sich alle sehr ähnlich sehen, leben vor allem in Moorgebieten und angrenzenden Feuchtwiesen.

Der Feuer- oder Dukatenfalter (*Heodes virgaureae*) kommt besonders auf blumenreichen Wiesen und in blühender Ufervegetation vor. Der zu den Bläulingen zählende Falter ist braun-gelb gemustert, wobei das Weibchen wesentlich heller ist. Schmetterlinge ganz anderer Arten leben auf den kargen Borstgrasrasen. Die meisten von ihnen sind wärmeliebende Falter, für die die trockenen Formen der Borstgrasrasen geeignet sind. Besonders häufig vertreten sind Schmetterlinge aus der Gruppe der Eulenfalter, der Bärenspinner und der Bläulinge, wobei es vorwiegend relativ kleine und weniger auffallende Arten sind.

Da Feuchtwiesen häufig weit entfernt vom nächsten Gewässer sind und manchmal oberflächlich trockenfallen, werden sie von Amphibien nicht stark besiedelt. Die einzige Art, die regelmäßig dort anzutreffen ist (aber nicht auf Borstgrasrasen), ist der Grasfrosch (*Rana temporaria*).

Auf Pfeifengras-Streuwiesen leben Reptilien wie die Berg- oder Mooreidechse (*Lacerta vivipara*) und die Ringelnatter (*Natrix natrix*). Beide Arten bewohnen bevorzugt feuchte Gebiete. Die Ringelnatter ist besonders in der Nähe von Gewässern anzutreffen. Die Mooreidechse besiedelt als einzige Eidechsenart auch kältere Klimazonen bis hinauf zum Polarkreis. Fast ebenso weit verbreitet wie die Mooreidechse ist die Kreuzotter (*Vipera berus*). Sie lebt auf den Borstgrasrasen. Sie ist die häufigste einheimische Giftschlange. Mit der Kreuzotter oft verwechselt wird die ähnlich aussehende, aber ungiftige Schlingnatter (*Coronella austriaca*), die in demselben Lebensraum vorkommt. Sie tötet ihre Beute, indem sie sich mit ein paar Windungen um ihr Opfer schlingt und es erdrosselt. Schlingnattern und ihre hauptsächlichen Beutetiere leben gerne in offenem Gelände. Verbuschen Feuchtwiesen durch Einstellen der Nutzung und entwickeln sich schließlich zu Wald, nimmt auch der Bestand der ohnehin nur noch selten vorkommenden Schlingnatter ab.

Die Tiergruppe, für die Feuchtwiesen die größte Bedeutung haben, sind die Vögel. Insbesondere die sogenannten Wiesenbrüter sind auf die extensiv genutzten Wiesen als Brutbiotop angewiesen. Früher besiedelten sie Moore, Sumpfgebiete und feuchte Heiden. Da diese Lebensräume immer seltener geworden sind, haben sich die Wiesenbrüter zu einer Art Kulturfolger entwickelt. Die extensiv genutzten Feuchtwiesen erfüllen fast ebenso gut ihre Biotopansprüche: Sie benötigen eine weite und überschaubare Fläche mit niedriger und lückiger Vegetation und einem weichen, feuchten Boden, in dem sie mit ihren langen Schnäbeln nach Nahrung stochern können. Andere Wiesenvögel, die nicht solch langen Schnabel besitzen, suchen die Pflanzen nach Insekten ab.

Aber auch für Arten, die nicht hier brüten, sind die Feuchtwiesen wichtige Nahrungsgründe. Man unterscheidet zwischen den Vögeln, die während der Brutzeit hier nach Nahrung suchen, und den Wintergästen oder den Durchzüglern, die auf ihrem Herbst- oder Frühlingszug auf der Suche nach Nahrung Rast machen.

Der Große Brachvogel (*Numenius arquata*) ist der größte einheimische Vertreter der Watvögel, der Limikolen. Auffällig ist der bis zu 18 Zentimeter lange, abwärts gebogene Schnabel, der bei den Jungtieren noch gerade ist. Im Frühjahr behauptet das Männchen sein Brutrevier mit einem weitklingenden, trillernden Ruf. Der Große Brachvogel beansprucht ein Revier von etwa 20 Hektar Größe. Mindestens die Hälfte davon sollte Grünland sein. Die meisten Tiere kehren jedes Jahr wieder in ihr angestammtes Brutgebiet zurück. Diese Art dient als eine Art Indikator für schutzwürdige Feuchtflächen. Wo der Große Brachvogel brütet, pflanzen sich auch die meisten anderen Watvögel erfolgreich fort. Der Brachvogel ist sehr ortstreu. Auch wenn sein Brutbiotop durch Trockenlegung und Intensivierung verändert wurde, versucht er weiterhin, dort seine Jungen großzuziehen. Diese Ortstreue wird ihm zum Verhängnis, weil der Nachwuchs den intensiven Nutzungsmethoden zum Opfer fällt.

Die geringere Körpergröße und der gerade Schnabel, der immerhin auch über zehn Zentimeter lang werden kann, unterscheidet die Uferschnepfe (*Limosa limosa*) von dem Brachvogel. Diese Art gehört zu der Familie der Pfuhlschnepfen. Im Gegensatz zu den Brachvögeln, die das ganze Jahr über ein einheitliches Federkleid behalten, legen die Uferschnepfen zur Paarungs- und Brutzeit ein farbenprächtiges Hochzeitskleid an. Bei Störung während der Brutzeit verlassen die Eltern unauffällig ihr Gelege. Kurz vor dem Schlüpfen der Jungen sind sie aber durch nichts zum Aufstehen zu bewegen. Sind die Jungvögel ausgeschlüpft, umschwärmen die Eltern laut rufend jeden Störenfried.

Ähnlich verhält sich der Rotschenkel (*Tringa totanus*) beim Brutgeschäft. Diese zu den Wasserläufern zählende Art besitzt einen noch etwas kürzeren Schnabel als die beiden zuvor beschriebenen Watvögel. Seinen Namen verdankt er seinen auffallend rot gefärbten Beinen. Der Rotschenkel ist ein Vogel, der eigentlich vornehmlich an der Küste vorkommt und dort auch brütet.

Die drosselgroße Bekassine oder Sumpfschnepfe (*Gallinago gallinago*) ist die kleinste Art der hier genannten Watvögel. Wie ihre größeren Verwandten stochert sie mit dem langen Schnabel im Boden nach Schnecken, Würmern und Insektenlarven. Durch den biegsamen Oberschnabel wird die Aufnahme der kleinen Beutetiere erleichtert. Beim Balzflug stürzen sich die Tiere aus großer Höhe herab, wobei durch Luftströmungen an den abgespreizten Schwanzfedern ein «meckerndes» Geräusch erzeugt wird. Dieses Phänomen brachte der Bekassine den Namen «Himmelsziege» ein.

Nicht nur Limikolen, sondern auch Angehörige andere Vogelgruppen brüten auf dem Wiesenboden. Der Wachtelkönig (*Crex crex*) gehört zur Familie der Rallen und zählt zu den sogenannten Sumpfhühnern. Den wissenschaftlichen Namen hat der Wachtelkönig wegen seiner lauten, knarrenden Stimme erhalten. Der unscheinbare Vogel ist viel eher zu hören als zu sehen. Er sieht zwar einer Wachtel recht ähnlich, ist aber an den rotbraunen Flügeln und im Flug an den herunterbaumelnden Beinen erkennbar. Bei der Wachtel sind die Beine im Flug nicht zu sehen. Wie die meisten anderen Rallen zieht auch der Wachtelkönig im Herbst nach Süden und überwintert in Nordafrika. Das Rebhuhn (*Perdix perdix*) bewohnte früher Heide- und Moorgegenden und ist heute als Kulturfolger auch auf Feuchtwiesen und sogar auf Ackerflächen zu finden. Die Tiere ernähren sich sowohl von pflanzlicher als auch tierischer Nahrung und spielen eine bedeutende Rolle als Vertilger von Schadinsekten.

Zur Familie der Regenpfeifer gehört der Kiebitz (*Vanellus vanellus*). Er ist zwar vorwiegend in Küstennähe anzutreffen, brütet aber auch auf geeigneten Feuchtwiesen im Binnenland. Während der Balz stellt das Männchen seine Schwanzfedern auffällig zur Schau und wird deshalb auch «Wiesenpfau» genannt. In einigen Gebieten haben sich Kiebitze schon den veränderten Umweltbedingungen angepaßt. Sie brüten normalerweise auf vegetationsfreien Flecken in Feuchtwiesen, auf denen die Pflanzen wegen der langen Überschwemmungszeit erst später im Frühjahr austreiben. Die Vögel brauchen offenes Gelände, wo sie sich nähernde Feinde rechtzeitig bemerken und sich ungehindert fortbewegen können. Außerdem haben die Eier die gleiche Farbe wie der erdige Untergrund und sind so vor Feinden gut geschützt. Durch den Schwund der Feuchtwiesen und deren Umwandlung in intensiv genutztes Grünland fanden viele Kiebitze bei ihrer Rückkehr aus dem Winterquartier nur bereits bewachsene Wiesen vor, die zum Anlegen eines Nestes ungeeignet sind. So verlegten sie ihre Brutgebiete auf benachbarte Maisäcker: Diese Flächen sind im Frühjahr noch mit den Maisstoppeln des Vorjahres übersät und vegetationsfrei. In einem Untersuchungsgebiet in Norddeutschland haben bis zu 85 Prozent der Kiebitze auf Maisäckern statt auf Grünland gebrütet.

Das Braunkehlchen (*Saxicola rubetra*), das Birkhuhn (*Lyrurus tetrix*) und die Sumpfohreule (*Asio flammeus*) sind ebenfalls Bodenbrüter und kommen auf Feuchtwiesen vor. Ursprünglich sind sie aber typische Arten der Moore (siehe S. 84f).

Der Wiesenpieper (*Anthus pratensis*) gehört zur Familie der Stelzen. Er hält sich fast ausschließlich am Boden auf und lebt auf ausgedehnten Moor-, Heide- und Wiesenflächen. Nur das Nest legt er gerne etwas erhöht an.

Ebenso gerne hält sich die Grauammer (*Emberizia calandra*) am Boden auf, wo sie Körner und Insekten als Nahrung sucht. Sie bewohnt offenes Gelände, ist aber nicht auf Feuchtflächen angewiesen.

Der Sumpfrohrsänger (*Acrocephalus palustris*), der seine Nester kunstvoll zwischen langen Halmen von Sumpfpflanzen anlegt, findet in der üppigen Vegetation der Mädesüß-Hochstaudenfluren einen geeigneten Lebensraum. Hier trifft man auch den Feldschwirl (*Locustella naevia*) an. Diese Grasmückenart baut ihre Nester zwischen dichter Bodenvegetation oder in Büschen.

Greifvögel, die gerne auf Feuchtwiesen leben, sind z.B. die zu den Habichtartigen zählende Wiesenweihe (*Circus pygargus*) und die Kornweihe (*Circus cyaneus*). Beide sind auf feuchte Lebensräume angewiesen und daher nur noch selten zu beobachten. Auch sie legen ihre Nester am Boden an und können nur bei extensiver Bewirtschaftung der Feuchtfläche ihre Jungen erfolgreich großziehen. Als typische Tiere der Moore wurden sie im betreffenden Kapitel schon vorgestellt.

Auf den Borstgrasrasen finden sich vorwiegend Vogelarten ein, die an offene und meist trockene Ödland- oder Heidelandschaften angepaßt sind, wie der Neuntöter (*Lanius collurio*) und der Steinschmätzer (*Oenanthe oenanthe*).

Eine Art, die hier gelegentlich auch zu beobachten ist, sollte noch erwähnt werden: der Ziegenmelker (*Caprimulgus europaeus*). Dieser außergewöhnliche Vogel gehört zur Gruppe der Nachtschwalben. Tagsüber ruht er auf einem Ast oder am Boden, wobei er die Augen bis auf einen kleinen Spalt schließt. Durch sein tarnfarbenes Gefieder verschmilzt er optisch mit der Umgebung. Ziegenmelker sitzen nicht quer

122

auf einem Ast, sondern immer in Längsrichtung. Optimalen Halt gibt ihnen dabei die verkürzte vierte Zehe. Sie bauen kein Nest, sondern legen ihre zwei grau-braun gefleckten Eier auf den nackten Erdboden. Bei Störung können die Elterntiere die Eier an eine andere Stelle rollen. Diese Vögel ernähren sich von Insekten, die sie während der Dämmerung im Flug mit weitaufgerissenem Schnabel erbeuten. Den Winter verbringen die Ziegenmelker im tropischen Afrika.

Den bisher erwähnten Vogelarten dienen die Feuchtwiesen als Brutbiotop. Es gibt aber auch Vögel, die woanders brüten und nur zur Nahrungsaufnahme Feuchtgebiete aufsuchen. Das bekannteste Beispiel ist der Weißstorch (*Ciconia ciconia*). Der Bestand an Weißstörchen ist in der Bundesrepublik in den letzten 60 Jahren auf etwa zehn Prozent der ursprünglichen Individuenzahl geschrumpft. Als die Menschen begannen, das Land zu kultivieren, entwickelte sich der Storch zum Kulturfolger. Häufig schritt er unmittelbar hinter der Mähmaschine oder dem Pflug über Wiesen und Äcker, wo es ihm leicht fiel, die schutzsuchenden Kleintiere zu erbeuten. Auf dem Speiseplan des Storches stehen Regenwürmer, Insekten, kranke Fische, Frösche, Eidechsen, Maulwürfe und vor allem Mäuse. In einem guten Mäusejahr können auch die schwächeren Nesthäkchen einer Brut erfolgreich aufgezogen werden. Die intensive Bewirtschaftung und der massive Einsatz von Pestiziden hat die Nahrungstiere dezimiert. Extensiv genutzte Feuchtwiesen beheimaten noch zahlreiche Kleintiere und sind daher für Störche unverzichtbare Nahrungsgründe.

Der Steinkauz (*Athene noctua*), der ein ähnliches Nahrungsspektrum wie der Storch besitzt, sucht ebenfalls die Feuchtwiesen während der Brutzeit zur Nahrungssuche auf. Der Steinkauz ist auch tagsüber aktiv und sitzt gerne in der Sonne. Nicht selten geht er schon am Nachmittag auf Beutefang.

Die dritte Gruppe von Vögeln, für die die Feuchtwiesen eine besondere Bedeutung haben, sind die Wintergäste und die Durchzügler, die sich hier auf ihrem Frühjahrs- oder Herbstzug ausruhen und nach Nahrung suchen. Zu diesen Vögeln zählen vor allem Gänse und Schwäne. Es ist ein spektakuläres Schauspiel, wenn Tausende von Gänsen sich auf einem Rastplatz niederlassen. Auf Feuchtflächen in Norddeutschland kann man im Frühjahr Schwärme von bis zu 100'000 Gänsen beobachten. Würden diese Flächen als Durchzugsgebiete wegfallen, wären viele Arten, die den Sommer im hohen Norden verbringen, gefährdet.

Da für die meisten Säugetiere, die nicht direkt an ein Leben im oder am Wasser angepaßt sind, feuchte, nasse oder zum Teil überschwemmte Lebensräume weniger günstig sind, gibt es eigentlich keine typischen

Säuger der Feuchtwiesen. Zur Nahrungsaufnahme kommen natürlich Rehe und Hasen, und auch der Fuchs jagt die allgegenwärtigen Mäuse auf den Feuchtwiesen. Werden die Wiesen noch als Streuwiesen genutzt und erst spät im Jahr gemäht, profitieren davon die Tiere, die nicht in Höhlen wohnen, sondern ihren Nachwuchs zwischen hohem Gras verstecken. Die weniger stark durchnäßten Stellen dienen daher häufig jungen Hasen und Rehen als sicherer Versteckplatz.

Die Bedeutung der Feuchtwiesen

Feuchtwiesen haben eine besondere Bedeutung als Brut- und Nahrungsbiotop für Vogelarten, die in unserer Kulturlandschaft sonst kaum mehr einen geeigneten Lebensraum finden. Häufig stellen sie schon eine Ausgleichsfläche dar, weil viele Arten ursprünglich an Moor- und Heideflächen angepaßt sind, die es kaum mehr in einem naturbelassenen Zustand gibt. Durch die ständige Nässe ist der Boden der Feuchtwiesen weich und läßt sich mit den langen, dünnen Schnäbeln der Limikolen gut nach Nahrung absuchen. Das ist aber nicht der einzige Grund, warum die Vögel hier brüten. Auf dem nassen Boden gedeihen keine Bäume und Sträucher, so daß die Feuchtwiesen eine weite, überschaubare Fläche bilden, die es einem potentiellen Feind schwierig macht, sich unbemerkt anzuschleichen. Die Vegetation ist nicht zu dicht, so daß sich Jungvögel noch gut bewegen können. Trotzdem wachsen die Pflanzen hoch genug, um den Eiern und Jungvögeln genügend Deckung zu bieten. Nicht zuletzt spielt die Nutzung durch den Menschen eine wichtige Rolle. Bodenbrüter können nur auf Dauer überleben, wo die Wiesen erst gemäht werden, wenn die Jungvögel flügge geworden sind. Wird die Bewirtschaftung intensiviert und schon eine Mahd im Frühsommer durchgeführt, haben die Jungen der Wiesenbrüter keine Überlebenschance. Daher ist es besonders wichtig, die Streunutzung dieser Flächen beizubehalten. Aber auch für andere Tierarten und vor allem für seltene Pflanzen stellen die verschiedenen Feuchtwiesentypen wertvolle Lebensräume dar. Besonders die schon recht selten gewordenen Pfeifengras-Streuwiesen und die Borstgrasrasen beheimaten sehr viele bedrohte Pflanzenarten wie Orchideen und Enzian und mit ihnen zahlreiche Schmetterlingsarten.

Feuchtwiesen befinden sich häufig in der Nachbarschaft von Mooren, Bruchwäldern und Auenwäldern. Sie stellen dann wichtige Verbindungselemente zwischen diesen seltenen Biotopen dar und verhindern auf diese Weise eine allzu starke Verinselung wichtiger Lebensräume. Ebenso wirken sie als Pufferzone zwischen anderen empfindlichen Feuchtgebieten und dem intensiv genutzten Kulturland.

Nicht zuletzt tragen die Feuchtwiesen zum Ausgleich des Wasserhaushaltes besonders in Auenbereichen bei. Kommt es zu einer Überflutung, wird das Hochwasser zurückgehalten und nur langsam wieder abgegeben. Dadurch wird das Grundwasser angereichert. Je nach Art der Pflanzengesellschaft wird das Wasser durch die Wurzeln einer mehr oder weniger intensiven, biologischen Reinigung unterzogen. Somit werden Grundwasserresevoire nicht nur aufgefüllt, sondern die Wasserqualität wird erheblich verbessert.

Die Gefährdung der Feuchtwiesen

Feuchtwiesen werden landwirtschaftlich genutzt und sind eigentlich erst durch menschlichen Einfluß in ihrer heutigen Form entstanden. Aber ebenso wie der Mensch zu ihrem Entstehen beigetragen hat, kann er sie ohne weiteres wieder zerstören. Im Zeitalter der Intensivwirtschaft werden nur noch wenige Feuchtflächen im ursprünglichen Sinne genutzt. Die Bewirtschaftung ist mühsam, da man die weichen Böden nicht mit schwerem landwirtschaftlichem Gerät befahren kann. Daher muß oft mit dem Motormäher oder sogar von Hand gemäht werden. Gemessen am Aufwand ist der Ertrag gering. Einstreu wird heute kaum mehr gebraucht, da die meisten Bauern auf Güllewirtschaft umgestiegen sind. Das Grünfutter von extensiv genutzten Wiesen ist sowohl quantitativ als auch qualitativ nicht mit dem von intensiv genutztem Grünland zu vergleichen. Aus diesen Gründen haben viele Landwirte die Nutzung von Feuchtwiesen aufgegeben. Entweder sie überlassen die Flächen sich selbst, ohne sie weiter zu pflegen, oder sie entwässern sie und intensivieren die Nutzung durch häufige Düngung und mehrmalige Mahd, forsten die Flächen auf oder wandeln sie in Ackerland um. Alle Maßnahmen führen früher oder später zur Zerstörung der Feuchtwiesen und ihrer charakteristischen Flora und Fauna.

Die heute typische Vegetation konnte sich nur entwickeln, weil sie durch die regelmäßige, aber späte Mahd begünstigt wurde. Werden Feuchtwiesen nicht mehr genutzt, laufen sie Gefahr zu verbuschen und entwickeln sich allmählich zu einer Waldgesellschaft. Sobald sich Bäume und Sträucher erfolgreich angesiedelt haben, entziehen sie dem Boden Wasser und die Fläche verliert um so schneller ihren Feuchtgebietscharakter. Sind Feuchtwiesen nicht allzu sehr durchnäßt und einigermaßen trittfest, werden sie auch gelegentlich als Weideflächen genutzt. In diesem Fall werden die Gelege der Wiesenbrüter durch das Weidevieh zerstört. Auch die Trittschäden sind nicht unerheblich, und nur wenige Pflanzen überstehen eine Beweidung unbeschadet.

Häufig werden befahrbare Wiesen im Frühjahr gewalzt, um den Boden zu festigen. Diesen Maßnahmen fallen in der Regel sämtliche Bodennester zum Opfer.

Gelegentlich werden Feuchtwiesen nicht vollständig entwässert, sondern nur vorhandene Senken mit Erde aufgefüllt. Aber gerade in diesen besonders nassen Bereichen findet man charakteristische Pflanzen- und Tierarten. Auch die stellenweise Verfüllung führt also zu einer Artenverarmung dieser Biotope. Durch die intensive Mineraldüngung der landwirtschaftlichen Flächen in den letzten Jahrzehnten gelangten große Mengen an stickstoffhaltigen Stoffen in die Luft und wurden über den Regen großflächig verteilt. Man befürchtete, die Stickstoffeinträge durch den Regen könnten magere Standorte wie z.B. Pfeifengras-Streuwiesen beeinträchtigen. Wissenschaftliche Untersuchungen ergaben aber, daß der Stickstoff allein keine Veränderungen der Vegetation bewirken kann. Der limitierende Faktor, der diesen Flächen den Charakter eines mageren Standortes verleiht, ist der nur in geringen Mengen vorkommende Phosphor. Sobald Phosphor im Übermaß vorhanden ist, verändert sich die Zusammensetzung der Pflanzengesellschaft. Zum Erhalt des nährstoffarmen Charakters muß der Eintrag von Phosphor vermieden werden. Feinkörniger Phosphordünger kann durch Wind eingeweht werden; Flüssigdünger wird vor allem aus höher gelegenen Nutzflächen eingeschwemmt.

Schutz und Erhalt von Feuchtwiesen

Die einzige Möglichkeit, Feuchtwiesen in ihrem ursprünglichen Zustand zu bewahren, ist die Beibehaltung der bislang üblichen Nutzung. Jegliche Änderung, von der Auflassung bis zur Intensivierung, zerstört den typischen Charakter dieser Lebensräume.

Da fast alle Feuchtwiesen landwirtschaftliche Nutzflächen sind, muß man die bisherige Nutzungsform für die Bauern möglichst attraktiv gestalten. Ohne einen finanziellen Anreiz sind die wenigsten Landwirte bereit, den Mehraufwand an Arbeit auf sich zu nehmen. Verschiedene Bundesländer haben dafür spezielle Naturschutzprogramme entwickelt.

In Nordrhein-Westfalen zum Beispiel gibt es das Feuchtwiesen-Schutzprogramm. Durch eine speziell auf Feuchtwiesen zugeschnittene Naturschutzverordnung wurden 102 Feuchtwiesen-Schutzgebiete mit einer Fläche von insgesamt 18'804 Hektar ausgewiesen. Gemäß den Verordnungen dürfen diese Flächen nicht verändert oder beeinträchtigt werden. Unter gewissen Einschränkungen, wie dem Verbot des Umbruchs, der Auffüllung, der Neuanlage von Drainagen und dem Einsatz von Pestiziden auf Flächen mit wertvoller Vegetation, ist die landwirtschaftliche Nutzung jedoch weiterhin gestattet. In privatrechtlichen Verträgen können mit den Landwirten weitere Vereinbarungen getroffen werden, die zum Erhalt der ursprünglichen Nutzung von Feuchtwiesen beitragen. Die Landwirte erhalten für den Mehraufwand dieser Extensivierungsmaßnahmen und die wirtschaftliche Einbuße eine bestimmte Ausgleichszahlung pro Hektar und Jahr und können gegebenenfalls ihr Milchkontingent um eine gewisse Menge erhöhen. Landwirte, die landeseigene Flächen in Feuchtwiesen-Schutzgebieten pachten und sie extensiv bewirtschaften, zahlen nur einen geringen oder manchmal sogar überhaupt keinen Pachtzins.

Neben der Extensivierung werden Teilflächen vernäßt und vegetationsfreie Zonen angelegt, um die Bedingungen für die bodenbrütenden Vögel zu verbessern. Auf diese Weise wurden bisher etwa 15 Prozent der Gesamtfläche umgewandelt. In diesen Bereichen hat sich der Bestand der gefährdeten Tier- und Pflanzenarten erhöht oder zumindest stabilisiert. In den anderen Gebieten geht der Artenschwund jedoch weiter, so daß dringend flächendeckende Maßnahmen notwendig sind.

In Bayern gibt es zwei verschiedene Schutzprogramme, die für landwirtschaftlich genutzte Feuchtflächen in Frage kommen: das Wiesenbrüter-Programm und der Erschwernisausgleich für Feuchtflächen. Das Wiesenbrüter-Programm soll die Wirtschaftswiesen als Brutgebiet für gefährdete Wiesenbrüter erhalten. Die Bewirtschaftungseinschränkungen umfassen den Verzicht auf Walzen oder Eggen während der Brutzeit, die Verschiebung der ersten Mahd bis zum Spätsommer und Beschränkung oder Verzicht auf den Einsatz von Dünge- und Pflanzenschutzmitteln. Die Höhe der Ausgleichszahlung richtet sich nach dem Umfang der Einschränkungen und den üblichen Gegebenheiten. Im Rahmen einer Wiesenbrüter-Kartierung, die 1980 in Bayern durchgeführt wurde, erfaßte man 13'000 Hektar möglicher Lebensräume für den Großen Brachvogel, die Uferschnepfe und den Rotschenkel. Die Verbreitungsschwerpunkte liegen im Donau- und im Isartal. Auch nach 1980 kam es hier wie vorher zu schwerwiegenden Veränderungen und Eingriffen, denen viele Feuchtwiesen zum Opfer fielen. Obwohl das Wiesenbrüter-Programm eingeführt wurde, blieb bisher der wünschenswerte Erfolg aus. Das hat mehrere Gründe. In Niederbayern zum Beispiel, wo 30 Prozent des bayerischen Brachvogel-Bestandes leben, bestanden sechs Jahre nach Einführung des Wiesenbrüter-Programms für nur 11,5 Prozent der in Frage kommenden Flächen entsprechende Verträge. Die erwünschte Aushagerung der Flächen durch Extensivierung wurde nur in seltenen Fällen erreicht. Viele Landwirte ließen sich nicht zu einer Teilnahme bewegen und veränderten weiterhin die Feuchtwiesen. Besonders bei günstiger Witterung häuften sich Vertragsverstöße. Die Erfahrung lehrt, daß sich allzu oft die Landwirte nur an die Naturschutzprogramme halten oder sich ihnen anschließen, wenn die in Frage kommenden Flächen ohnehin kaum Ertrag bringen. Die wenigsten sind bereit, eine echte Einbuße hinzunehmen, obwohl diese ja durch Ausgleichszahlungen aufgefangen werden soll.

Der Erschwernisausgleich für Feuchtflächen soll zur Erhaltung von Streuwiesen, Auenwiesen und Feucht- oder Naßwiesen beitragen. Gefördert wird die Beibehaltung einer naturschonenden Bewirtschaftung. Hierunter versteht man den Verzicht auf Dünger und Pestizide und eine ein- bis zweimalige späte Mahd, die der Bodenbeschaffenheit entsprechend nur mit leichtem Gerät oder von Hand durchgeführt wird. Das Mähgut muß aus den Flächen herausgetragen werden. Die Größe der Feuchtfläche muß mindestens 1000 Quadratmeter betragen.

Selbst wenn den Bauern eine finanzielle Unterstützung bei der naturschonenden Bewirtschaftung zugesichert wird, sind sie nicht immer dafür zu begeistern. In diesem Fall springen häufig Mitglieder von Naturschutzorganisationen ein, die unentgeltlich die Pflegearbeiten auf solchen schutzbedürftigen Flächen durchführen. Oft übernehmen auch gerne Vereine und Jugendgruppen eine sogenannte Biotop-Patenschaft und führen die zum Erhalt notwendigen Pflegemaßnahmen durch. Gäbe es diese ehrenamtlich tätigen Naturfreunde nicht, wäre schon so manche Feuchtwiese verbuscht, und ein wertvoller Biotop wäre verloren gegangen.

Es scheint mir wichtig, noch einmal zu betonen, daß die Feuchtwiesen, wie wir sie heute kennen, durch menschlichen Einfluß entstanden sind und nur durch menschliches Zutun erhalten bleiben können. Der eine oder andere wird sich vielleicht denken, daß wir, wenn wir schon bestimmte Lebensräume geschaffen haben, auch das Recht besitzen, sie wieder zu zerstören. Die Feuchtwiesen sind aber häufig ein – nur minderwertiger – Ersatz für natürlich entstandene Biotope wie Moore und Auen, die schon zum größten Teil dem menschlichen Eingriff und seiner Ausbeutung zum Opfer gefallen sind. Viele Tiere und Pflanzen haben die Feuchtwiesen als Ausgleichsbiotop angenommen. Daher ist es unsere Pflicht, wenigstens diese Lebensräume zu erhalten, zumal es mit einem relativ geringen Aufwand verbunden ist. Noch geht die Dezimierung der biologischen Vielfalt auf den meisten Feuchtwiesen weiter. In unserer ohnehin bedrohten und an Arten immer ärmer werdenden Natur dürfen wir uns keine weiteren Einbußen erlauben.

Ein Gewässer verlandet. (Photo: Walter Müller)

Torfabbau in Norddeutschland. (Photo: Walter Müller)

An den Stellen, an denen der Torf abgebaut wird, kann man das Torfprofil erkennen. (Photo: Walter Müller)

Die Moosbeere ist eine typische Pflanze der Armmoore. (Photo: Gabriele Colditz)

In den Randgehängen der Hochmoore siedeln sich schon Gehölze an.
(Photo: Gabriele Colditz)

Die Torfmoose auf den Bulten sind rot oder braun gefärbt.
(Photo: Gabriele Colditz)

Die Sumpfdotterblume ist auf nährstoffreichen Feuchtwiesen und in
Auengebieten anzutreffen. (Photo: Gabriele Colditz)

Die gefährdete Trollblume gehört zur Vegetation der montanen Naßwiesen. (Photo: Gabriele Colditz)

Die seltene Prachtnelke ist eine Charakterart der
Pfeifengras-Streuwiesen. (Gabriele Colditz)

Mehlprimeln kommen in Kalk-Zwischenmooren in gebirgigen
Gegenden vor. (Photo: Gabriele Colditz)

Der Frühlings-Enzian ist eine Pflanze der Magerrasen, die auch in Flachmooren vorkommt. (Photo: Gabriele Colditz)

Der Schwalbenwurz-Enzian ist auf den Pfeifengras-Streuwiesen des Alpenvorlandes zu finden. (Photo: Gabriele Colditz)

Der Hopfen gehört zu den einheimischen Lianen, die in den Auenwäldern beheimatet sind. (Photo: Peter Colditz)

Das Breitblättrige Knabenkraut ist eine Orchideenart der
Feuchtwiesen und Zwischenmoore. (Photo: Gabriele Colditz)

Eine artenreiche Feuchtwiese mit Knabenkräutern.
(Photo: Gabriele Colditz)

Eine nicht mehr genutzte Streuwiese mit Hochstauden.
(Photo: Gabriele Colditz)

Ein Admiral hat sich auf einer Kohldistel niedergelassen.
(Photo: Gabriele Colditz)

Der Sumpfwachtelweizen ist in den Randbereichen von Hochmooren zu finden. (Photo: Gabriele Colditz)

Grasfrosch. (Photo: Gabriele Colditz)

Erdkröte. (Photo: Gabriele Colditz)

Niedermoor in Norddeutschland. (Photo: Walter Müller)

In den Mangrovensümpfen der Everglades (USA) leben die selten
gewordenen Seekühe. (Photo: Peter Colditz)

Das Wattenmeer der Nordseeküste ist ein wichtiges Rast- und
Nahrungsgebiet für viele Wasservögel. (Photo: Gabriele Colditz)

In solch naturbelassenen Auengebieten siedeln sich Biber an und
bauen ihre Dämme. (Photo: Peter Colditz)

Feuchtgebiete aus Menschenhand

Obwohl der Mensch seit Jahrhunderten versucht, die Natur nach seinen Wünschen zu gestalten und zu verändern, und dabei kontinuierlich wertvolle Lebensräume wie Feuchtgebiete zerstört, kommt es doch gelegentlich vor, daß er durch seine Aktivitäten völlig neue Lebensräume schafft. Diese durch Menschenhand entstandenen Biotope können sich zu unentbehrlichen Ausgleichsflächen entwickeln, die wenigstens einigen Tier- und Pflanzenarten das Überleben in unserer zersiedelten und intensiv genutzten Landschaft ermöglichen. Bezeichnenderweise handelt es sich hierbei immer um Gebiete, die aus den verschiedensten Gründen einen schlechten Ruf haben und deshalb von den meisten Menschen gemieden werden. Gerade das sind die idealen Voraussetzungen für Flora und Fauna, einen neuen Lebensraum zu erobern und sich ungestört ausbreiten zu können.

Rieselfelder

Beim Lesen dieser Überschrift wird sich manch einer wundern, was ein Kapitel über Rieselfelder in einem Buch über Feuchtgebiete zu suchen hat, und bei dem Gedanken an diese Gebiete die Nase rümpfen. Tatsächlich aber gehören zu den 29 Feuchtgebieten internationaler Bedeutung in der Bundesrepublik Deutschland, die durch die Ramsar-Konvention geschützt sind, auch die Rieselfelder Münster, an deren Beispiel die Bedeutung dieser Gebiete später erläutert werden soll.

Obwohl ein Teil der Rieselfelder ständig unter Wasser steht und streng genommen nicht zu den Feucht-, sondern zu den Naßstandorten zählt, aber auch nicht als Gewässer einzustufen ist, sollen sie in diesem Zusammenhang vorgestellt werden; nicht zuletzt, weil Rieselfelder für viele Tier- und Pflanzenarten, die eigentlich auf natürliche Feuchtgebiete als Lebensraum angewiesen sind, wertvolle Ausgleichsbiotope darstellen.

Rieselfelder sind Landflächen, die der Abwasserbehandlung dienen und oft landwirtschaftlich genutzt werden. Das Abwasser wird über durchlässige Böden verrieselt, entweder großflächig oder in Furchen. Dieses Verfahren zur Abwasserreinigung wird schon seit über 100 Jahren angewandt. Die Schmutzstoffe werden in den oberen Erdschichten gebunden und durch die Bodenorganismen unter Sauerstoffverbrauch abgebaut. Funktioniert dieser Abbau gut und ist das Wasser nicht zu sehr belastet, werden weder das Oberflächenwasser noch das Grundwasser verschmutzt. Da die Pflanzen die im Abwasser enthaltenen Phosphor- und Stickstoffverbindungen aufnehmen, gelangen diese Substanzen nicht in tiefere Erdschichten. Zur Reinigung von stark verschmutzten, mit toxischen Stoffen wie Schwermetallen belasteten oder mit Keimen oder Wurmeiern verunreinigten Abwässern ist diese Klärmethode allerdings nicht geeignet, d.h., heute kann man Abwasser, das noch nicht behandelt wurde, nicht auf diese Weise klären. Rieselfelder bieten sich als letzte Klärstufe an, die der biologischen Reinigungsstufe von Kläranlagen nachgeschaltet werden kann.

Die Berieselung mit Abwässern versorgt den Boden reichlich mit Nährstoffen. Die Menge des ausgebrachten Abwassers hängt davon ab, ob das Land als Acker- oder Wiesenfläche genutzt wird.

Oft befinden sich in Rieselfeldern kleine Flachwasserteiche. In dem nährstoffreichen Wasser entwickelt sich eine artenarme, aber sehr individuenreiche Kleintierfauna, die vielen Wat- und Wasservögeln als Nahrung dient. Daher sind diese futterreichen Gebiete für viele Vögel beliebte Rast-, Mauser- oder Brutplätze. Mit zunehmender Abwasserverschmutzung reichte die Klärung durch Rieselfelder nicht mehr aus, und Kläranlagen mußten gebaut werden. Daraufhin fielen die ehemals berieselten Gebiete trocken und gingen als wertvoller Lebensraum für die verschiedensten Vogelarten verloren. Im folgenden wird am Beispiel der Rieselfelder Münster aufgezeigt, wie sich aus einem künstlich entstandenen Lebensraum ein international bedeutsames Feuchtgebiet entwickelt hat und entgegen den Interessen der Industrie als Schutzgebiet erhalten werden konnte.

Die Rieselfelder Münster

Eingebettet in die münsterländische Parklandschaft liegen die Rieselfelder etwa 6 Kilometer nördlich des Stadtzentrums von Münster und umfassen ein Gebiet von 233 Hektar. Außer zwei schmalen Waldstreifen sind sie ausschließlich von landwirtschaftlich genutzten Flächen umgeben. Das Gebiet ist von einem Netz ausgebauter Wege durchzogen. Auf der gesamten Fläche verteilt befinden sich über 130 einzelne flache Teiche.

Gegen Ende des 19. Jahrhunderts suchte die Stadt Münster nach einem geeigneten Ort zur Verrieselung der städtischen Abwässer. Aus-

gewählt wurde ein durchnäßtes, unfruchtbares Heidegebiet. Die bis zu zwei Meter dicken Sandschichten waren zur Filterung des Abwassers geeignet. Eisenablagerungen im Boden hatten allerdings zur Bildung von sogenannten Ortsteinschichten geführt, die das Grundwasser aufstauten und zunächst entfernt werden mußten. Anschließend wurde die Fläche drainiert und in einzelne Klärflächen parzelliert. Über ein netzartig ausgebautes System aus Betonrinnen wurde das Abwasser auf die einzelnen Parzellen geleitet. Vom Sandboden gefiltert, gelangte es über Vorfluter in die benachbarten Flüsse Ems und Aa. Durch die ständige Berieselung mit dem Abwasser wurde der ehemals unfruchtbare Heideboden gedüngt, und man konnte die Flächen landwirtschaftlich nutzen. Ackerflächen wurden nun nur noch außerhalb der Vegetationsperiode, Grünland dagegen regelmäßig mit Wasser berieselt. Die ständig ansteigende Abwassermenge verlangte eine Vergrößerung der Rieselfelder. 1962 umfaßte deren Fläche 640 Hektar, und eine Erweiterung war nicht mehr möglich. Um die weiterhin zunehmenden Abwassermengen abfangen zu können, wurden die meisten Flächen nur noch als Grünland genutzt und das ganze Jahr über berieselt oder ganz aus der landwirtschaftlichen Nutzung herausgenommen. Bis 1969 wuchs der Anteil reiner Wasserflächen auf über 240 Hektar an. Gleichzeitig entwickelte sich dieses Gebiet zu einem bedeutenden Rastplatz für Watvögel im mitteleuropäischen Binnenland. Die sich im nährstoffreichen Wasser entwikkelnde Kleintierfauna bot den Vögeln reichhaltig Nahrung. Da Watvögel gerne im Flachwasser nach Futter suchen, schufen die Teiche mit einer Wassertiefe, die selten 20 Zentimeter überschritt, ideale Bedingungen. An den Rändern der Klärteiche konnte sich ein schmaler Verlandungsgürtel entwickeln, der den Brutvögeln Nistmöglichkeiten und darüber hinaus Deckung und Sicherheit bot. Von menschlichen Störungen war dieses Gebiet nicht beeinträchtigt, da sich nur wenige Menschen in die «Kloake» der Stadt verirrten. Die offene Landschaft mit den dazwischen liegenden Wasserflächen entsprach optisch weitgehend den natürlichen Rastbiotopen der Wat- und Wasservögel, so daß sie von ihnen als solches erkannt und aufgesucht wurde. Weil die Flächen nicht mehr beackert wurden, wurde der Boden nur ungenügend durchlüftet, und die Reinigungswirkung ließ nach. Im Jahr 1971 waren die Rieselfelder mit 48'000 Kubikmeter Abwasser hoffnungslos überfordert. Die Abwassermenge wurde reduziert, indem man etwa die Hälfte in Absatzbecken leitete und belüftete. Dadurch sollte das Wachstum der abwasserzersetzenden Bakterien gefördert werden. Nach etwa acht Stunden wurde das Wasser ohne weitere Reinigung in die Vorfluter Ems und Aa geleitet.
Die Reduzierung der auf den Rieselfeldern ausgebrachten Wasser-

menge führte dazu, daß viele Flächen trocken fielen. Sie verlandeten rasch und wurden wieder landwirtschaftlich genutzt oder blieben brach liegen. In beiden Fällen boten sie Wat- und Wasservögeln keinen geeigneten Lebensraum mehr. Mit der Inbetriebnahme der Großkläranlage im Jahre 1975 waren die Rieselfelder für die Abwasserklärung überflüssig geworden. Die Fläche sollte zunächst an Landwirte verpachtet werden. Langfristig beabsichtigte die Stadt, dort ein Gewerbe- und Industriegebiet zu errichten.

Bereits seit 1968 bemühten sich Naturschützer, unterstützt von der biologischen Fakultät der Universität Münster, um die Erhaltung dieses Vogelparadieses. Nach jahrelangen Kämpfen, die durch Presse und Medien publik wurden, einigte man sich schließlich darauf, ein 233 Hektar großes Teilstück auf Kosten des Landes Nordrhein-Westfalen als Vogelreservat zu erhalten. Um einen für die Vögel attraktiven Lebensraum zu bewahren, war eine künstliche Bewässerung notwendig. Zunächst mit Hilfe von Tauchpumpen und später durch ein Pumpwerk wurden täglich 48'000 Kubikmeter geklärtes Abwasser auf die Flächen des Vogelreservates aufgebracht. Das in der mechanisch-biologischen Kläranlage gereinigte Wasser durchlief so einen weiteren Reinigungsgang. Dadurch konnte die kostenintensive Einrichtung einer zusätzlichen Klärstufe eingespart werden. Ende der siebziger Jahre stellte die Stadt Münster einen Flächennutzungsplan vor, der direkt angrenzend an das Reservat ein Gewerbe- und Industriegebiet vorsah. Anfang der achtziger Jahre wurde daraus ein Bebauungsplan entwickelt. Aufgrund heftiger Proteste seitens der Bevölkerung und Gutachten, die eine Gefährdung des Reservates belegten, lehnte die Landesregierung im Juli 1982 eine Genehmigung des Bebauungsplanes ab. Seit 1986 ist die Fläche nicht mehr als Gewerbe- und Industriegebiet eingetragen.

Seit die Bundesrepublik Deutschland 1976 die Ramsar-Konvention unterzeichnete, wurden neben 28 anderen Feuchtflächen (Stand 1993) die Rieselfelder Münster als Feuchtgebiet internationaler Bedeutung anerkannt. Heute wird sogar schon an eine Erweiterung des Vogelreservates und an eine Ausweisung als Naturschutzgebiet gedacht.

Die «Biologische Station Rieselfelder Münster» führt schon seit langen Jahren Forschungsarbeiten über die Vogelwelt der Rieselfelder durch. Ihre Ergebnisse belegen die herausragende Bedeutung dieses Lebensraumes für die europäische Vogelwelt. Die Rieselfelder sind der größte Rast- und Mauserplatz für Watvögel des deutschen Binnenlandes. Besonders erwähnenswert ist, daß hier der einzige Mauserplatz des Kampfläufers (*Philomachus pugnax*) und der größte Rast- und Mauserplatz der Bekassine (*Gallinago gallinago*) im mitteleuropäischen Binnenland ist. Weiterhin gibt es sehr große Bestände an Kiebitzen (*Vanellus vanellus*). Den Mauserplätzen kommt eine so große Bedeutung zu, da die Watvögel an die Lebensräume, in denen sie ihr Gefieder erneuern, wesentlich höhere Ansprüche als an ihre sonstigen Rastplätze stellen. Auch für unzählige andere Vogelarten spielen die Rieselfelder als Brut- und Nahrungsbiotop eine herausragende Rolle. Neben den für dieses Gebiet typischen Limikolen sind zahlreiche Enten, Gänse, Schwäne und Möwen hier anzutreffen. Für viele Schwimmenten sind die Rieselfelder ein bedeutender Rast- und Mauserplatz im Sommer. Manchmal trifft man bis zu 900 Krickenten (*Anas crecca*) und bis zu 1400 Knäkenten (*Anas querquedula*) gleichzeitig an.

Seitdem die Flächen anstatt mit Rohabwässern mit mechanisch-biologisch gereinigten Abwässern versorgt werden, hat sich die Artenvielfalt der Vogelbestände vergrößert. Die Dominanz einiger weniger Arten trat zugunsten einer größeren Artenvielfalt mit etwas ausgeglicheneren Häufigkeitsverhältnissen zurück.

Wer das einmalige Vogelreservat der Rieselfelder Münster kennt, verbindet damit sofort den Kampfläufer. Stellvertretend für die vielen anderen Vogelarten soll hier noch etwas mehr über diesen ungewöhnlichen Vogel berichtet werden. Der Kampfläufer gehört zu den Schnepfenvögeln und ist mit den Strandläufern nahe verwandt. Diese Art weist einen deutlichen Geschlechtsdimorphismus auf, d.h., Männchen und Weibchen sehen besonders zur Brutzeit sehr unterschiedlich aus. Das Brutkleid des wesentlich größeren Männchens fällt durch eine riesige Halskrause und Ohrbüschel in verschiedenen Farben auf. Die Füße können grün, gelb oder orange, der Schnabel rot, gelb oder braun gefärbt sein. Im Winter sind die Männchen wie die Weibchen bräunlich, mit einem auffallenden dunklen Schuppenmuster auf dem Rücken. Auf dem Weg zu ihren Brutplätzen weiter im Norden treffen die Kampfläufer erstmalig im Frühjahr in den Rieselfeldern ein. Schon auf dem Zug zu den Brutplätzen beginnen einige Männchen mit der Balz. Der von auffälligem Imponiergehabe begleitete Schaukampf der Männchen ist im Vogelreservat häufig zu beobachten. Mit aufgerichteter Federkrause laufen die Tiere in geduckter Haltung hin und her, um die Aufmerksamkeit der Weibchen auf sich zu ziehen. Bereits ab Mitte Juni kommen die ersten Kampfläufer wieder aus ihren Brutgebieten zurück. Dann beginnt eine anstrengende und gefährliche Phase in ihrem Leben. Sie erneuern das zerschlissene Federkleid, wie die meisten Vögel, nicht auf einmal, sondern immer nur Teile, damit die Flugfähigkeit erhalten bleibt. Der Federwechsel belastet die Tiere sehr, so daß sie nahrhafte Futterquellen und Schutz vor Störungen benötigen. Beides finden sie in den Rieselfeldern

134

und danken es mit Rast- und Mauserplatztreue. Im Herbst ziehen sie weiter in ihr Überwinterungsgebiet nach Afrika.

Selbstverständlich bieten die Rieselfelder zahlreichen weiteren Tierarten wie Amphibien, Insekten und anderen Kleintieren, die als Nahrungsquelle für die Vögel dienen, geeigneten Lebensraum. Da es sich hierbei aber um keine typischen Charakterarten handelt, wird hier die Fauna nicht näher beschrieben.

Die Pflanzenwelt der Rieselfelder umfaßt ein breites Spektrum an nährstoffliebenden Arten, typischen Pflanzen der Ufer- und Verlandungsbereiche und Sumpfpflanzen wie auch, an den Wegrändern, eher an trockene Biotope angepaßte Arten. Im pflanzensoziologischen Sinne haben sich hier keine speziellen Vegetationsgesellschaften ausgebildet. Die vorkommenden Arten – hierzu gehören der Rohrkolben, das Schilf, das Rohrglanzgras, die Brennessel, die Flatterbinse, die Sumpfbinse, das Weidenröschen, verschiedene Knöterich- und Ampferarten – wurden schon bei der Beschreibung anderer, nährstoffreicher Feuchtgebiete erwähnt. Auch für den Menschen sind die Rieselfelder von Bedeutung. Sie sind ein wichtiges Objekt der Vogelzugforschung. Es gibt kaum eine andere Stelle in Mitteleuropa, wo die Bedingungen für Felduntersuchungen so günstig sind. Die Erfahrungen, die hier gemacht wurden, können auf andere Projekte, die sich mit der Gestaltung von Feuchtgebieten befassen, übertragen werden.

Den schlechten Ruf als «Kloake» von Münster sind die Rieselfelder endgültig losgeworden. Sie haben sich zu einem wertvollen Naherholungsgebiet und zu einem Zentrum für Lehre und Forschung «gemausert». Wo können schon inmitten dicht besiedelter und landwirtschaftlich intensiv genutzter Flächen so viele verschiedene Vogelarten beobachtet werden? Schulen und Universität unternehmen Exkursionen dorthin, und viele angehende Wissenschaftler haben ihr Forschungsobjekt in den Rieselfeldern gefunden. Erholungssuchende können auf den zahlreichen Wegen trockenen Fußes ein nahezu einzigartiges Feuchtgebiet erleben.

Wagenspuren und Panzertümpel

Wagenspuren und Panzertümpel stehen hier stellvertretend für Lebensräume, die von Menschen mehr oder weniger zufällig geschaffen worden sind und mittlerweile vielen selten gewordenen Tieren und Pflanzen Zuflucht bieten. Dazu zählen Truppenübungsplätze oder abgelegene Feld- oder Waldwege, die nur äußerst selten benutzt werden. Auf diesen Flächen hinterläßt der Mensch durch schwere Maschinen wie Traktoren oder Panzern vertiefte Spuren oder großflächige Mulden im Gelände. Diese Senken füllen sich beim nächsten Regen mit Wasser, so daß sich für einen längeren Zeitraum, abhängig von Wetter und Bodenbeschaffenheit, ein kleiner Feuchtbiotop entwickelt. Voraussetzung für eine Besiedelung ist die weitgehende Ungestörtheit dieser Lebensräume.

Am Beispiel von Truppenübungsplätzen läßt sich die Bedeutung solcher Flächen für die bedrohte Natur am besten erläutern. Militärische Übungsgelände sind großflächig abgesperrte Gebiete, von denen meist nur ein Teilbereich für die Übungen benutzt wird. Der Rest ist eine Sicherheitszone zum Schutz der umliegenden Bevölkerung und wird nur selten gestört. Die Landschaft ist reich strukturiert und von jeglicher intensiven Nutzung ausgeschlossen. In den alten Bundesländern sind etwa 110'000 Hektar als militärische Übungsplätze ausgewiesen.

Die vielfältige Struktur kommt zum einen durch die Geländeübungen zustande. Schwere Fahrzeuge wühlen den Boden auf und reißen Wunden in die Erd- und Vegetationsschicht. Dadurch entstehen die unterschiedlichsten Lebensräume in unmittelbarer Nachbarschaft. Aufgeworfene Erdhaufen können sich zu typischen Trockenbiotopen entwickeln, wobei in der Senke daneben ein Feuchtbiotop entsteht, der beispielsweise Amphibien optimale Lebensbedingungen bietet.

Ein anderer Grund für die abwechslungsreiche Gestaltung dieser Gebiete ist die Nutzung einzelner Teilbereiche in abgestufter Intensität. Es ensteht ein Mosaik aus Flächen, die stark, mittelmäßig und überhaupt nicht beeinträchtigt werden. Je abwechslungsreicher ein Lebensraum gestaltet ist, desto mehr Arten kann er beherbergen. Besonders in den Randbereichen zwischen zwei verschiedenen Biotoptypen kommt es, bedingt durch den sogenannten Randeffekt, zu einer außergewöhnlichen Artenvielfalt.

Die Art der Pflanzengesellschaften, die auf solchen Geländen entstehen, ist jeweils abhängig von der Beanspruchung der Böden. Auf Flächen, die häufig und regelmäßig befahren werden, können sich nur robuste Pionierpflanzen oder solche mit einem schnellen Entwicklungszyklus ansiedeln. Auf weitgehend ungestörten Bereichen können sich die Arten durchsetzen, die eine längere Wachstumsperiode besitzen und empfindlicher sind. Je vielfältiger die Vegetation ist, desto mehr Insekten- und andere Kleintierarten finden einen geeigneten Lebensraum.

Durch das Befahren mit schweren Fahrzeugen ist der Boden an vielen Stellen verdichtet, so daß das Niederschlagswasser nicht ablaufen kann. Die Größe und Beschaffenheit der entstehenden Feuchtbereiche variiert von kleinen Lachen und Fahrspuren über feuchte Kies- und Sandflächen bis hin zu gelegentlich austrocknenden Tümpeln. Gerade diese Dynamik und Vielfalt ist auf Kulturland nicht mehr anzutreffen und stellt daher ein willkommenes Rückzugsgebiet für wassergebundene Tier- und Pflanzenarten dar. Voraussetzung ist natürlich, daß diese Kleinstfeuchtgebiete nicht mit Schotter oder Kies aufgefüllt werden.

Geeignete Amphibienlaichplätze sind die Schlammsetzbecken der Waschanlagen für die Fahrzeuge. Regelmäßig werden die Waschanlagen darin entladen. Seitdem man sich über ihre Bedeutung als Feuchtbiotop im klaren ist, wird vielerorts bereits darauf geachtet, daß diese Becken nur im Winterhalbjahr, wenn die Tiere abgewandert sind, benutzt werden.

Amphibienarten wie die Gelbbauchunke, Kreuzkröte und Geburtshelferkröte, die gerne junge, instabile Gewässer als Lebensraum auswählen, bevorzugen solche Gebiete. Selbst wenn sie gelegentlich durch den Übungsbetrieb erhebliche Verluste hinnehmen müssen, sind sie in der Lage, diese relativ schnell durch großen Nachwuchs wieder auszugleichen.

Natürlich darf man in diesem Zusammenhang nicht vergessen, daß durch militärische Übungen mitunter auch erhebliche Schäden an Natur und Landschaft angerichtet werden. Hier werden aber bewußt nur die für Flora und Fauna positiven Entwicklungen aufgezeigt. Diese Beispiele verdeutlichen nur zu gut, daß sich viele Tiere und Pflanzen am besten in einer Landschaft entwickeln können, die von möglichst wenig Menschen betreten wird und nicht unserer Ordnungsliebe zum Opfer fällt.

Nicht nur die künstlich entstandenen Lebensräume sind von Bedeutung, sondern auch die natürlichen Feuchtgebiete, die in solchen Übungsplätzen liegen. Sie werden nämlich weitgehend von Entwässerungsmaßnahmen, Pestiziden, Düngung und Bewirtschaftung verschont. Moore, Sümpfe und Naßwiesen bleiben erhalten.

Verschiedene seltene Orchideenarten kommen nur noch in Mooren auf Truppenübungsplätzen vor. Ein Beispiel dafür ist das Torfmoos-Knabenkraut (*Dactylorhiza sphagnicola*), das in Nordrhein-Westfalen nur noch auf einem Truppenübungsplatz gefunden wurde.

Der Fadenenzian (*Cicendia filiformis*) wächst zwar verstreut noch in verschiedenen Gegenden; die größten und vorläufig gesicherten Populationen existieren allerdings auf militärischen Übungsplätzen.

In Süddeutschland befindet sich der einzige Brutplatz des Schwarzstorches (*Ciconia nigra*), der ruhige Nist- und Nahrungsplätze benötigt, auf militärischem Gelände.

Zwar finden auf den Übungsplätzen regelmäßig Aktivitäten statt, die meistens sehr lauten Krach machen; bisher hat sich aber gezeigt, daß sich die Tiere tatsächlich an diesen Lärm gewöhnen und lernen, daß er zeitlich begrenzt ist und keine unmittelbare Gefahr darstellt.

Übungsplätzen kommt im Sinne des Naturschutzes noch eine weitere Funktion zu. Wegen ihrer Größe stellen sie effektive Pufferzonen zu angrenzenden, intensiv bewirtschafteten Kulturflächen dar. Naturbelassene Zonen werden vor dem schädlichen Eintrag von Pestiziden und Dünger aus den umliegenden Gebieten geschützt und können sich daher ungestört entwikkeln. Pufferzonen solcher Größen sind auch durch Naturschutzprogramme mit Ausgleichszahlungen normalerweise nicht zu erreichen.

Da sich die Übungsplätze in verschiedenen Landschaften befinden, tragen sie zur Konservierung der unterschiedlichen Landschaftstypen bei. Das ursprüngliche Bodenrelief und die Vegetation bleiben zum größten Teil erhalten. Im Gegensatz zum weitgehend durch Landwirtschaft, Industrialisierung und Besiedelung veränderten Umfeld bieten diese von solchen Nutzungen ausgeschlossenen Gebiete oft naturnahe Lebensräume.

Auch alle anderen Flächen, die nicht der intensiven Nutzung durch den Menschen unterliegen, sei es durch Landwirtschaft, Industrie, Verkehr oder Erholung, und die eine entsprechende Strukturierung aufweisen, können sich zu wertvollen Feuchtflächen entwickeln. Selbst einzelne Wagenspuren auf morastigen, beschatteten Waldwegen, die sich mit Wasser gefüllt haben, können die Kinderstube verschiedener Insekten und sogar von Molchen und Kröten sein.

Ausgewählte Beispiele

Die folgenden ausgewählten Beispiele bedeutender Feuchtgebiete sollen einen Eindruck von der Vielfältigkeit der verschiedenen Feuchtgebietstypen und vor allem ihrer spezifischen Probleme vermitteln. Besonderes Augenmerk richtet sich dabei auf einige Feuchtgebiete internationaler Bedeutung in Mitteleuropa. Obwohl sie in die Ramsar-Konvention aufgenommen wurden, ist ihr Erhalt und der Schutz vor Beeinträchtigungen nicht unbedingt gewährleistet. Aber auch andere, zum Teil kleinflächige Gebiete finden hier Erwähnung. Jedes noch existierende Feuchtgebiet hat für die Natur einen besonderen Stellenwert und ist auf seine Art einzigartig. Ergänzt wird diese Aufstellung durch Beispiele aus anderen Ländern und Kontinenten.

Bedeutende Feuchtgebiete in Deutschland, der Schweiz und Österreich

Die Diepholzer Moorniederung

Das Landschaftsbild des norddeutschen Flachlandes wurde früher durch Hochmoore geprägt. Von den ursprünglich 250'000 Hektar existiert noch knapp ein Zehntel, und nur noch zwei Prozent können als echte intakte Moore bezeichnet werden. Durch Umwelteinflüsse und Nutzungsänderungen sind aber auch diese Reste gefährdet.

In der Diepholzer Moorniederung, die als international bedeutendes Feuchtgebiet anerkannt ist, sind verschiedene wertvolle Lebensräume wie Hoch- und Niedermoore, extensiv genutzte Naß-und Feuchtwiesen, Sandheiden und Flußauen miteinander vernetzt. Hätten sich nicht schon seit Anfang der siebziger Jahre verschiedene Naturschutzorganisationen für ihren Erhalt eingesetzt, wäre auch diese naturnahe Landschaft dem Torfabbau und der Intensivierung der Landwirtschaft zum Opfer gefallen.

In der Diepholzer Moorniederung befinden sich 17 Hochmoore, die zusammen eine Fläche von 24'140 Hektar bilden. Die wichtigsten Hochmoore sind das Geestmoor, das Neustädter Moor, das Renzeler Moor und das Große Moor bei Uchte. Im Jahre 1990 waren insgesamt 8185

Hektar Hochmoorfläche als Naturschutzgebiet ausgewiesen. Vor der Anerkennung als international bedeutendes Feuchtgebiet im Jahre 1976 waren erst 431 Hektar geschützt. Die in der Ramsar-Konvention angegebene Fläche beträgt 15'060 Hektar.

Wie immer gingen auch in diesem Fall den Unterschutzstellungen zähe Verhandlungen mit Grundstücksbesitzern voraus. Durch den Kauf und Tausch von Flächen konnten inzwischen sogar Pufferzonen rund um die Hochmoore geschaffen werden. Diese Maßnahmen sind sehr wichtig, damit die ursprüngliche Nährstoffarmut der Regenmoore nicht durch den Eintrag von Gülle oder Dünger aus den angrenzenden Kulturflächen gestört wird. Im Rahmen des Moorschutzes werden ebenfalls Maßnahmen ergriffen, um schon beeinträchtigte Flächen zu renaturieren. Dazu gehört die Schließung der Entwässerungsgräben, um eine weitere Austrocknung der Moore zu verhindern. Bisher konnten bereits erfreuliche Ergebnisse bei der Regeneration von Hochmooren verzeichnet werden. Eine weitere Maßnahme war das Entfernen der durch die Entwässerung aufgekommenen Birken, was als «Entkusselung» bezeichnet wird. Birken entziehen dem Moor Unmengen an Wasser und verdrängen die lichtbedürftigen Moorpflanzen.

Um eine fortschreitende bzw. erneute Verbuschung und die Entwicklung zu Pfeifengras-Wiesen zu verhindern, läßt man die Moorgebiete wieder mit Moorschnucken beweiden. Seit 1976 werden die bis dahin verstreut gehaltenen kleinen Bestände von Moorschnucken in einem privaten Landschaftspflegebetrieb zusammengefaßt. Die Herde zieht in traditioneller Hütehaltung über die Moore. Diese Maßnahme trägt außerdem dazu bei, eine fast ausgestorbene Haustierrasse zu erhalten. Die hornlosen Moorschnucken sind so widerstandsfähig, daß sie tagelang ohne Folgeschäden im Nassen stehen können. Allerdings muß bei der Moorbeweidung ein bestimmter Weideplan eingehalten werden: Am Morgen werden die Schafe in die nassen Gebiete getrieben. Am Nachmittag kommen sie auf die trockeneren, mit Heide bewachsenen Flächen. Nach dem geschmacklosen Futter am Vormittag stürzen sie sich mit Heißhunger auf die Birkenschößlinge und verschonen die Heidepflanzen. Auf diese Weise wird eine Bewaldung verhindert. Würde man die Schafe am Morgen in die Heideflächen treiben, würden sie sich an den jungen Heidepflänzchen gütlich tun und die Birken stehen lassen.

Die Diepholzer Moorniederung bietet vielen bedrohten Vogelarten Lebensraum. Neben dem Birkhuhn als typischem Moorbewohner finden sich auch Wiesenbrüter auf den freien nassen Bereichen des Hochmoores ein. In den trockeneren Gebieten trifft man Arten wie den Raubwürger und die Sumpfohreule an. Anlaß, die Diepholzer Moorniederung in der

Liste der Feuchtgebiete internationaler Bedeutung aufzunehmen, war das Vorkommen eines sehr selten gewordenen Vogels, nämlich der südlichen Rasse des Goldregenpfeifers. Dieser Vogel lebt in Mitteleuropa außer im Emsland nur noch in den Diepholzer Hochmooren.

Der Goldregenpfeifer benötigt als Brutgebiet weite, offene Flächen, damit er von seinem Nest aus das Umfeld beobachten kann. Die Vegetation darf nicht zu hoch sein, damit sich keine Feinde unbemerkt anschleichen können. Diese Anforderungen an den Lebensraum erfüllen vor allem die moos- und flechtenreichen Tundren Nordeuropas, wo der Goldregenpfeifer haupsächlich lebt. Am liebsten brütet er auf Hochmooren, die nicht mehr wachsen und daher eine trockene Bodenoberfläche besitzen. Ein nasser Untergrund schadet dem Gelege. Auch in abgetorften Gebieten kann dieser Vogel für kurze Zeit erfolgreich brüten. Allerdings ist die Gefahr groß, daß Jungvögel in die steilwandigen Entwässerungsgräben fallen und nicht mehr heraus kommen. Zur Nahrungsaufnahme führen die Altvögel ihre Jungen in angrenzendes Grünland. Im Winter dient die Diepholzer Moorniederung Zugvögeln wie zum Beispiel Kranichen als wichtiger Rastplatz.

Zehn Jahre, nachdem die Diepholzer Moorniederung in die Ramsar-Konvention aufgenommen wurde, zog man Bilanz über den Zustand dieses Feuchtgebietes. In diesem Zusammenhang wurden die Brutbestände des Großen Brachvogels, der Uferschnepfe und des Rotschenkels miteinander verglichen und der Bestand des Goldregenpfeifers erfaßt. Die Ergebnisse waren ziemlich ernüchternd: Mit Ausnahme des Großen Brachvogels war die Anzahl der Brutpaare in den zehn Jahren zurückgegangen, obwohl die Größe der als Naturschutzgebiet ausgewiesenen Flächen erheblich zugenommen hatte.

Dieser Fall beweist, daß nicht allein durch den Schutz und Erhalt eines bestimmten Biotoptypes, in diesem Fall der Hochmoore, der Bestand bestimmter darin lebender Arten gesichert werden kann. Der Rückgang kann nicht durch Störungen oder Verlust des Brutbiotops verursacht worden sein. Vielmehr sind die Vögel auf Feuchtgrünland als Nahrungsbiotop angewiesen. Wenn aber die Nutzung der umliegenden Feuchtwiesen weiterhin intensiviert wird, wenn die Flächen trocken gelegt oder aufgelassen werden und ohne Pflegemaßnahmen verbuschen, finden die Vögel nicht genügend Nahrung, und ihr Bestand geht trotz ungestörter Brutmöglichkeit zurück. Nur der Große Brachvogel ist weniger auf das feuchte Grünland angewiesen und kommt auch auf trockeneren Wiesen und in Heidemooren vor. Daher konnte bei ihm eine Zunahme der Brutpaare verzeichnet werden.

Mit den weiteren Ausweisungen von Naturschutzgebieten, den Pflegemaßnahmen und vor allem dem Wissen der Bevölkerung, insbesondere der Landwirte, um die Bedeutung solcher Lebensräume und einer hoffentlich zunehmenden Kooperationsbereitschaft wird die Diepholzer Moorniederung an Bedeutung als Lebensraum und Brut-, Rast- und Nahrungsplatz gewinnen.

Die Elbtalaue

Ein beträchtlicher Abschnitt der Elbe markierte vier Jahrzehnte lang die Grenze zwischen der Bundesrepublik Deutschland und der Deutschen Demokratischen Republik. Das Grenzgebiet war eine Art Niemandsland, das wenig besucht, genutzt und kaum belastet wurde. In diesem Bereich der Elbe konnte ein Auengebiet seine Ursprünglichkeit bewahren. Die Elbaue zwischen Schnackenburg und Lauenburg gehört zu den Feuchtgebieten internationaler Bedeutung.

Gleich nach der Grenzöffnung entwarfen Naturschutzorganisationen ein Konzept für einen Nationalpark Elbtalaue, der rund 62'000 Hektar umfassen soll. Bisher trägt dieses erhaltenswerte Gebiet noch den Titel «Naturreservat». Von dem geplanten Nationalpark würde jeweils ein Flächenanteil in die Bundesländer Mecklenburg-Vorpommern, Niedersachsen, Brandenburg und Sachsen-Anhalt fallen.

Das Reservat erstreckt sich von der Einmündung der Havel in die Elbe oberhalb von Wittenberg bis nach Lauenburg. Ab dort wirken sich schon die Gezeiten auf den Fluß aus. Der im Reservat liegende Abschnitt des Elbtals ist etwa 100 Kilometer lang und zwischen sieben und 15 Kilometer breit. Als Landschaftsschutzgebiet sind bisher knapp 800 Hektar Auenflächen ausgewiesen, «Elbholz von Gartow und Pevestorfer Elbwiesen» genannt. Das Gebiet ist zwar zum größten Teil durch Dämme von den Überflutungen der Elbe abgeschnitten, stellt aber noch einen naturnahen Lebensraum mit einer vielfältigen Flora und Fauna dar.

Die Entstehungsgeschichte der Elbtalaue begann vor ungefähr 10'000 Jahren. Die riesigen Schmelzwassermengen der eiszeitlichen Gletscher schufen das Urstromtal der Elbe. Seit dieser Zeit bildeten sich zahlreiche Flußschlingen, die heute noch das Elbtal durchziehen. Das abwechslungsreiche Landschaftsbild führte zu einem Nebeneinander der unterschiedlichsten Lebensräume. Schlickbedeckte Auen liegen neben dünenbesetzten Sandflächen; sogenannte Geestinseln mit einem erdgeschichtlich älteren Ursprung sind ebenfalls zu finden. Feuchtwiesen- und weiden wechseln sich ab mit Tümpeln, Weihern und Altarmen. Stellenweise hat sich Auenwald ausgebildet, häufig säumen aber nur Baumgruppen und Gebüsche die Ufer. Die Nebenflüsse bilden bei Hochwasser eine Art

Rückstauraum, weil die Elbe in ihre Unterläufe eindringt. Hier findet man extensiv genutztes Grünland.

Obwohl die Menschen schon seit dem 12. Jahrhundert versuchen, die Elbe durch die Errichtung von Dämmen in einen Hauptstrom zu zwingen, mußten sie doch einen gewissen Abstand zum Flußufer wahren. So konnte ein Teil der Elbtalauen weitgehend erhalten bleiben, nicht zuletzt aufgrund der politischen Lage der letzten 40 Jahre. In dieser Zeit nämlich wurden viele Bauprojekte an anderen Flüssen durchgeführt, während die Elbe verschont blieb. Das Elbtal bietet also feuchte und trockene Lebensräume, die jeweils eine charakteristische Flora und Fauna beherbergen. Auch die klimatischen Bedingungen sind im Elbtal nicht einheitlich: Warme kontinentale und kühlere, atlantische Strömungen überlappen sich und ermöglichen, daß Tiere und Pflanzen östlicher und westlicher Verbreitungsgebiete, die also an verschiedene Klimate angepaßt sind, nebeneinander existieren. Aufgrund dieser Vielfältigkeit und der damit verbundenen zahlreichen Grenzzonen kommen hier außergewöhnlich viele verschiedene Tier- und Pflanzenarten vor.

In der Elbtalniederung wachsen etwa 1050 verschiedene Farn- und Blütenpflanzen. Darunter sind über 100 gefährdete Arten, von denen viele in den ursprünglichen Auenwäldern heimisch sind. Man findet die typischen Baumarten der Auen wie Eschen, Ulmen, Eichen und Schwarzpappeln. Dichte Hecken aus Sträuchern wie Schlehe, Wildrose, Weißdorn und Kreuzdorn bieten unzähligen Tierarten Nahrung und Lebensraum. Für das regelmäßig überschwemmte Grünland sind Vegetationsgesellschaften typisch, die von Pflanzen wie der Sumpfplatterbse und der Brenndolde geprägt werden. In den Uferzonen haben sich verschiedene Seggenried-Gesellschaften ausgebildet. Neben all diesen feuchten Biotopen trifft man auch Sandtrockenrasen mit ihren typischen Pflanzenarten an. Die Elbtalaue ist die westliche Grenze des Verbreitungsgebietes vieler Arten. Auch für zahlreiche bedrohte Vogelarten ist das Elbtal ein Rückzugsgebiet. Insgesamt gibt es hier 151 Brutvogelarten. Mindestens 50 der hier lebenden Arten sind gefährdet. Schon fast als Charakterart anzusehen ist der Weißstorch. Im Sommer 1990 wurden über 200 Brutpaare gezählt. Das ist die höchste Dichte in Mitteleuropa. Weiterhin findet man hier Arten mit den unterschiedlichsten Lebensraumansprüchen, wie Kranich, Seeadler, Rotmilan, Wachtelkönig, Trauerseeschwalbe, Bekassine, Brachvogel, Sperbergrasmücke und Neuntöter. Im Winter ist die Elbtalaue ein wichtiger Rastplatz von Durchzüglern wie Zwerg- und Singschwänen und Saat- und Bläßgänsen. Allein von diesen beiden Gänsearten kann man hier bis zu 100'000 Exemplare beobachten. Ein Viertel des gesamten europäischen Bestandes an Zwergschwänen, das sind bis zu 4000 Stück, trifft man in der kalten Jahreszeit in der Elbtalaue an. Die größte Anzahl an Singschwänen, die im Winter gezählt wurde, war 2500 Stück. Ebenso liegt die Elbtalaue auf der Flugroute von Enten und Kranichen und wird von diesen als Rastplatz genutzt.

Aber nicht nur Vögel, sondern auch bedrohte Arten aus anderen Tiergruppen finden geeignete Lebensbedingungen. Von den zwölf hier beheimateten Amphibienarten sind fünf in anderen Gebieten schon längst verschollen: die Rotbauchunke, der Moorfrosch, der Laubfrosch, die Knoblauchkröte und die Kreuzkröte.

Das abwechslungsreiche Mosaik aus feuchten und trockenen Standorten ermöglicht die Ansiedlung einer äußerst formenreichen Gesellschaft von Blütenpflanzen. Daher finden auch viele ausgesprochen spezialisierte Insektenarten geeignete Nahrung und Wirtspflanzen. Etwa 700 verschiedene Großschmetterlinge leben in der Elbtalniederung; aus der Gruppe der Schmetterlinge, Bienen und Libellen fand man hier über 200 bedrohte Arten.

Auch einige Säugetiere, die anderswo kaum mehr die notwendigen Lebensräume finden, haben sich an die Elbe zurückgezogen. Allein elf Fledermausarten wurden nachgewiesen. Als Besonderheit sei noch zu erwähnen, daß hier auch die Heimat des Elbebibers ist. Bis auf wenige Standorte wurde der Biber in den vergangenen Jahrhunderten im gesamten Europa ausgerottet. Die mittlere Elbe war eine der wenigen Stellen, an der ein kleiner Bestand dieser großen Nager überlebt hatte. Durch intensive Schutzmaßnahmen konnte sich die Population erholen und gilt wieder als gesichert.

Die Elbtalaue ist einer unser artenreichsten Lebensräume und sollte daher besonderen Schutz genießen. Innerhalb des Reservats gibt es bereits einige Naturschutzgebiete, in denen man nur ausgewiesene Wege betreten darf, damit sich die natürlichen Lebensgemeinschaften möglichst ungestört entwickeln können. Auch die Wassersportler auf der Elbe dürfen nur in bestimmten Zonen, die in der Regel in Ortsnähe liegen, am Ufer anlegen.

In den deichnahen Gebieten rasten die nordischen Gänse, Enten und Schwäne von Januar bis April und benötigen in dieser Zeit absolute Ruhe. Da sie sehr störempfindlich sind, sollte man diese Flächen dann nicht betreten. Auch wo nicht ausdrücklich Schilder auf das Wegegebot hinweisen, sollte man sich vom Weg aus an der Blütenpracht der erosionsgefährdeten Sandflächen erfreuen. Betreten und Befahren führen zu erheblichen Schäden und Zerstörung der Vegetation. Zahlreiche Hinweistafeln geben dem Besucher Informationen über diesen bedeutenden Lebensraum und seine Bewohner. Aber nicht nur wegen seiner ungeheuren Artenvielfalt, sondern auch wegen der wasserreinigenden Eigenschaften muß die Elbaue erhalten werden. Die Elbe ist einer der am stärksten mit Schadstoffen belasteten Ströme Europas. Das kommt nicht zuletzt daher, daß früher beide Anrainerländer Schadstoffe in den Fluß einleiteten und jeweils das andere Land dafür verantwortlich machten, so daß sich letztendlich niemand um die Verschmutzung kümmerte.

Eine intakte Auenlandschaft trägt erheblich zur Qualitätsverbesserung des Wassers bei. Eine üppige Vegetation erhöht die Reinigungskraft, wenn die angrenzenden Gebiete bei Hochwasser überflutet werden. So kann zusammen mit dem technischen Umweltschutz die Erhaltung der Elbtalauen zu einer in naher Zukunft saubereren Elbe führen.

Die Elbe ist der einzige Fluß Norddeutschlands, in dessen Einzugsbereich noch nennenswerte Reste von Hartholzauenwäldern existieren. Als Besonderheit muß das Naturschutzgebiet Heuckenlock erwähnt werden. Dieses nur 76 Hektar umfassende Schutzgebiet befindet sich im Süßwasser-Tidenbereich innerhalb des Stadtgebietes von Hamburg. Die Fläche ist im Sechs-Stunden-Rhythmus der Gezeiten überflutet bzw. fällt trocken. Durch die häufige Überflutung ist der Nährstoffeintrag dieses Lebensraumtyps der Tide-Auen wesentlich höher als bei Flußauen, was bei krautigen Pflanzen einen ungewöhnlichen Riesenwuchs bewirkt.

Ein anderes Feuchtgebiet internationaler Bedeutung, das in enger Beziehung zu den Elbauen steht und 1978 von der damaligen DDR der Ramsar-Konvention unterstellt wurde, ist die Niederung der Unteren Havel. Dieses Gebiet umfaßt etwa knapp 6000 Hektar Auenflächen, beidseitig der Havel, nördlich von Brandenburg.

Die Havel durchfließt in ihrem Unterlauf eine weite Niederungslandschaft, deren Struktur von der letzten Eiszeit geprägt wurde. Sandflächen wechseln sich mit Moränenzügen ab. Die Schwemmsande sind größtenteils von Schlick überlagert, der während längerer Hochwässer sedimentiert ist. In den Niederungen findet man weiträumige Torfablagerungen von Flachmooren.

Früher boten die Überflutungsflächen Zehntausenden von Wat- und Wasservögeln Lebensraum. Ende der sechziger Jahre deichte man die Havel ein, wodurch die Größe des Überschwemmungsgebietes erheblich reduziert wurde. Die Ramsar-Fläche mit den beiden Naturschutzgebieten Gülper See (920 Hektar) und Stremel (320 Hektar) steht weiterhin unter Hochwassereinfluß. Den Charakter dieser Landschaft prägte die traditionelle Grünlandnutzung. Mit der fortschreitenden landwirtschaftlichen Intensivierung waren aber die ökologisch wertvollen Feuchtwiesen bedroht. 1988 gelang es endlich, ein Schutzkonzept durchzusetzen, das den Einsatz von Pestiziden und Dünger einschränkte und bestimmte Erntetermine vorgab. Zwei Jahre später wurden die benötigten Geldbeträge für Ausgleichszahlungen an die Landwirte bereitgestellt.

Seit 1990 wird an einem langfristigen Schutzkonzept für die Untere Havel gearbeitet, wobei auch Bestandeserfassungen und ökologische Untersuchungen durchgeführt werden. Ziel ist ein umfassendes Schutzkonzept für dieses wertvolle Überschwemmungsgebiet, an dem nicht nur Naturschützer, sondern auch Wasserwirtschaftler, Landwirte und die Fischerei beteiligt sind.

Der Boden in der Havel-Niederung ist sehr abwechslungsreich gestaltet. Altwässer, wassergefüllte Senken und Gräben wechseln sich mit flachen Erhebungen ab. Hier herrschen ideale Brutbedingungen für Vogelarten wie Kampfläufer, Rotschenkel, Uferschnepfe, Großer Brachvogel, Spießente, Rohrdommel, Graugans, Fluß- und Trauerseeschwalbe, Ralle, Bart- und Beutelmeise, Rohrsänger und viele mehr. Besonders im Frühjahr nutzen Zehntausende von durchziehenden Enten und Gänsen, Sing- und Zwergschwänen sowie Watvögeln dieses Gebiet als Rast- und Nahrungsplatz.

Bis zu 6000 Graugänse sammeln sich im Sommer und Herbst am Gülper See. 40'000 bis 60'000 Saat- und Bläßgänse gesellen sich im Herbst dazu. Außerdem versammeln sich hier bis zu 5000 Kraniche. Der fruchtbare Boden mit seinem vielfältigen Nahrungsangebot lockt die Vögel an.

Das Naturschutzgebiet Federsee

Im Naturschutzgebiet Federsee befindet sich das größte intakte Moor Südwestdeutschlands. Der Federsee liegt knapp 20 Kilometer westlich von Biberach. Das Naturschutzgebiet wird umrahmt von den Gemeinden Bad Buchau, Kappel, Moosburg, Alleshausen, Seekirch, Tiefenbach und Oggelshausen. Es hat die Form eines Beckens, das seinen Ursprung in der Eiszeit hat.

Vor etwa 100'000 Jahren stießen die Gletscher in das heutige Federseebecken vor und hinterließen dort Ablagerungen von Gestein und Geschiebe. Durch einen längeren Gletscherstillstand bildete sich auf der Südseite ein hoher Moränenwall. Von diesem Höhenrücken aus hat man eine weite Aussicht auf das Federseebecken. Die Ströme der abtauenden Gletscher zerschnitten den Moränenrücken an mehreren Stellen und bildeten im Zentrum des Beckens den Federsee. Das Schmelzwasser transportierte riesige Schuttmassen in den See. Je feiner das Material war, desto weiter wurde es transportiert. Im nördlichen Seeteil sedimentierte es als Gletscherton. Ein großer Teil des südlichen Federseebeckens wurde mit Schotter und Sand aufgefüllt. Auch der südliche Abfluß wurde verschüttet und die Entwässerung nach Norden verlegt. Vor etwa 15'000 Jahren zog sich das Eis nach Süden zurück, und die Schmelzwasserströme begannen zu versiegen. Zu dieser Zeit nahm der Federsee eine Fläche von 30 Quadratkilometer ein. Seine maximale Wassertiefe betrug zehn bis zwölf Meter. Mit der allmählichen Klimaerwärmung nach der letzten Eiszeit setzte die Verlandung des Sees ein. Im Mittelalter nahm er nur noch eine Fläche von elf Quadratkilometer ein. Die Verlandungsbereiche wandelten sich nach und nach zu Niedermooren, deren Torfschicht bis zu zwei Meter dick war. An den Moorrändern entstanden Erlen-Bruchwälder, und über das Stadium eines Zwischenmoores entwickelte sich ein echtes Hochmoor. Da aber die jährliche Niederschlagsmenge in diesem Gebiet nicht so hoch ist, wuchsen die Torfmoose nur langsam. Die Schicht des Hochmoortorfs wurde nicht dicker als ein Meter. Von dem ursprünglichen Hochmoor ist heute allerdings nichts mehr zu sehen. Die großflächigen Abtorfungen im letzten Jahrhundert zerstörten diesen Lebensraum. Auch die übrig gebliebenen Restflächen veränderten ihren Charakter durch die vorgenommenen Trockenlegungen.

Der Grundstock für das heutige Naturschutzgebiet wurde 1911 gelegt. Damals kaufte der Bund für Vogelschutz eine 16 Hektar große Moorfläche im Federseebecken. In den folgenden Jahren wurde die Fläche durch weitere Ankäufe auf etwa 50 Hektar vergrößert. 1923 wurde eine Abhandlung über die biologische Bedeutung des Federseegebietes veröffentlicht. Aber erst 1939 wurde der Federsee zum Naturschutzgebiet erklärt.

Das Naturschutzgebiet ist 1410 Hektar groß. Es umfaßt die in den letzten Jahrhunderten entstandenen Verlandungsbereiche mit dem Restsee in der Mitte, der heute nur noch eine Fläche von 1,4 Quadratkilometer einnimmt. An der tiefsten Stelle beträgt die Wassertiefe drei Meter; der See ist aber überwiegend so flach, daß man beim Rudern den Bodenschlamm aufwühlt. Wegen der geringen Wassertiefe gibt es keine vertikale Gliederung mit verschiedenen charakteristischen Pflanzenschichten.

Im Gebiet um den Federsee findet man verschiedene Pflanzengesellschaften. An die ufernahen Schilfzonen schließen sich Großseggen- und Kleinseggenriede an. Außerdem gibt es Pfeifengras-Streuwiesen und nährstoffreiche Naßwiesen wie die Kohldistel-Wiesen sowie einen Erlen-Bruchwald. Ein zum Teil befestigter Rundweg führt mehr oder weniger weitläufig um den See herum. Schilffelder, Röhrichte und Feuchtwiesen sind größtenteils nicht durch Wanderwege erschlossen und sollten aus

Rücksicht auf die Wat- und Wasservögel nicht betreten werden. Bei Bad Buchau hat man allerdings einen 1,5 km langen Holzsteg durch den Schilfgürtel angelegt, von dem aus der Besucher, ohne zu stören, Einblick in die Lebensgemeinschaft des Schilffeldes erhält. Heute besuchen jährlich etwa 100'000 Menschen den Federsee. Der Deutsche Bund für Vogelschutz hat ein Naturschutzzentrum errichtet. Von hier aus betreuen Mitarbeiter im Auftrag der Naturschutzbehörden das Gebiet.

Im vergangenen Jahrhundert war die Verlandungsgeschwindigkeit mit 0,8 Hektar pro Jahr recht hoch. In der ersten Hälfte dieses Jahrhunderts waren es noch 0,3 Hektar; danach scheint die Verlandung vollständig zum Stillstand gekommen zu sein. Dieses Phänomen wird mit der starken Eutrophierung in Zusammenhang gebracht.

Die Sumpfvegetation rund um den See diente früher als Einstreu und Viehfutter. Das Mähen war eine gefährliche Tätigkeit, bei der die Arbeiter manchmal bis zur Brust versanken. Oft mußte man bis zum Winter warten, um das Mähgut herausschaffen zu können. Bis in die fünfziger Jahre nutzte man die sehr nassen Bereiche noch als Streuwiesen. Die etwas besser zu bewirtschaftenden Gebiete wurden zwei- bis dreimal pro Jahr gemäht.

Nach Aufgabe der Streunutzung merkte man bald, daß die Moorflächen verbuschen und sich allmählich eine Waldgesellschaft einstellen würde. Seit 1963 werden Pflegearbeiten durchgeführt, um die ursprüngliche Vegetation dieser Feuchtflächen zu erhalten. Das Wegschaffen des Mähgutes bereitet nach wie vor große Probleme. Heute werden die Flächen regelmäßig alle paar Jahre von Landwirten gegen Bezahlung gemäht. Das Heu wird als Pferdefutter verwendet.

Das Federseegebiet wurde jahrzehntelang durch die zunehmende Eutrophierung, die um 1980 ihren Höhepunkt erreichte, in Mitleidenschaft gezogen. Nicht nur der Gülleeintrag aus den benachbarten landwirtschaftlichen Nutzflächen, sondern vor allem die Einleitung der Haushaltsabwässer der umliegenden Gemeinden in den See führten zur Überdüngung. Die Selbstreinigungskraft des Gewässers war hoffnungslos überfordert. Die Folge der ständigen Nährstoffzufuhr war ein übermäßiges Wachstum der Algen. Die bakterielle Zersetzung der abgestorbenen Algen führte wiederum zu akutem Sauerstoffmangel im Wasser.

Besonders schlimm war der Winter 1962/63. Wegen des geringen Wasserstands im Federsee fror das gesamte Gewässer ein. Erst nach Monaten taute es wieder auf. Alle Fische, Muscheln, Schnecken und Wasserpflanzen waren tot. Die Menge der abtransportierten Fischkadaver wurde auf 6,5 Tonnen geschätzt. Durch die verfaulenden Pflanzen- und Tierleichen wurde das Wasser zu einer konzentrierten Nährbrühe.

Die Algen vermehrten sich explosionsartig und das Wasser wurde so trüb, daß die Sichttiefe oft nur wenige Zentimeter betrug. Seit dem Winter 1962/63 findet alljährlich diese Massenvermehrung der Algen statt. Vom Frühjahr bis zum Herbst hat das Gewässer eine charakteristische grüne Farbe. Die starke Wassertrübung bewirkt, daß sich Wasserpflanzen aus Lichtmangel nicht mehr halten können. Dadurch finden nur noch wenige Pflanzenfresser, die wiederum die Beute räuberisch lebender Tierarten sind, ausreichend Nahrung. Eine Artenverarmung ist die Folge.

Jahrzehntelang wurde das Naturschutzgebiet Federsee durch menschlichen Einfluß bis an die Grenzen seiner Belastbarkeit geschädigt. Der ungehemmte Eintrag von nährstoffreichen Abwässern führte fast zum endgültigen Sterben dieses Lebensraumes. Nicht nur die wasserbewohnenden Lebewesen, sondern auch die Wasservögel wurden in ihrer Zahl stark dezimiert. In dem trüben Wasser konnten sie ihre Beute nicht mehr sehen. Das Schilf war durch die Eutrophierung instabil geworden und bot den Vögeln keinen geeigneten Brut- und Lebensraum mehr. Sie zogen die Konsequenzen: bis auf wenige Exemplare mieden sie diesen Lebensraum.

Dazu wurde der See auch noch mit Schwermetallen vergiftet, die vermutlich aus einer der in der Umgebung liegenden Fabriken stammten. Das Naturschutzgebiet Federsee schien zum Untergang verurteilt. Doch buchstäblich in letzter Minute erkannte man die Problematik und versuchte, die Sünden der vergangenen Jahrzehnte wiedergutzumachen.

Die erste Maßnahme war die Errichtung eines Wehrs im Jahr 1972, um den Wasserstand regulieren zu können und eine ähnliche Katastrophe wie 1962/63 zu vermeiden. Als nächstes mußte die Abwassereinleitung aus den umliegenden Gemeinden gestoppt werden. Eine ringförmig um das Naturschutzgebiet angelegte Rohrleitung sollte das gesamte Abwasser in das Klärwerk leiten. 1982 konnte die Verbandskläranlage eingeweiht werden. Von da an ging es wieder bergauf mit dem Naturschutzgebiet Federsee. Heute ist das Naturschutzgebiet ein beliebtes Ausflugsziel. Die Wasserqualität hat sich verbessert, und man sieht wieder Reiher, Störche und Watvögel, die in den Feuchtbiotopen nach Nahrung suchen.

Bis heute konnte man mehr als 250 Vogelarten im Naturschutzgebiet Federsee nachweisen, von denen über die Hälfte hier auch brüten. Hierzu zählen Haubentaucher, Bläßrallen, Stockenten, Flußseeschwalben und Lachmöwen. In den Schilfwäldern leben Teichrohrsänger, Rohrammer und Wasserralle. Etwas seltener sind Blaukehlchen, Bartmeise und

Rohrschwirl. Sogar einige Paare von Rohrweihen brüten hier. Auf den weitläufigen Streuwiesen finden noch Arten wie der Große Brachvogel, die Bekassine, der Wiesenpieper und das Braunkehlchen geeignete Brutbiotope. Während der Vogelzugzeiten nutzen viele nordische Limikolen das Gebiet als Nahrungsbiotop.

Das Beispiel des Federsees verdeutlicht, stellvertretend für viele andere Feuchtbiotope, wie durch unbedachtes Handeln der Menschen wertvolle Lebensräume besonders in den vergangenen 100 Jahren zerstört wurden. Die wenigsten Gebiete hatten das Glück, gerettet zu werden. Die meisten verschwanden stillschweigend und unwiederbringlich.

Das Große Moor

Das Große Moor nordöstlich von Gifhorn gehörte früher mit einer Fläche von 58 Quadratkilometern zu den großen Hochmooren Norddeutschlands. Obgleich heute nur noch ein Bruchteil davon erhalten ist, zählt das Große Moor zu den größten Naturschutzgebieten Niedersachsens. Es ist ein weiteres Beispiel dafür, wie ein wertvolles Feuchtgebiet in letzter Minute gerettet und unter Schutz gestellt wurde und mit größten Anstrengungen renaturiert wird. Kennzeichnend für das Große Moor ist seine in Nord-Süd-Richtung langgezogene Form. Von Nordosten nach Südwesten weist dieses Gebiet eine leichte Hangneigung auf. Die Torfschichten sind zum Teil sechs Meter dick. Da sich das Große Moor in einer relativ regenarmen Klimazone befindet, hätte sich allein durch Niederschläge kein so mächtiger Hochmoorkomplex bilden können. Das Moor wurde durch unterirdische Zuflüsse von nährstoffarmem Grundwasser aus den nahegelegenen sandigen Geesthügeln gespeist. So konnte sich in einem niederschlagsarmen Gebiet ein nährstoffarmes Hochmoor entwickeln.

Entwässerung, Torfabbau und intensive landwirtschaftliche Nutzung in den letzten beiden Jahrhunderten beeinträchtigten diesen Lebensraum so stark, daß er seinen eigentlichen Hochmoorcharakter verlor. Nur dank seiner riesigen Ausdehnung konnten sich moortypische Pflanzen- und Tierarten halten.

Erst im Jahre 1980 wurde die Schutzwürdigkeit des Großen Moores erkannt. Ein wissenschaftliches Gutachten, das als «Moorschutzprogramm Teil 1» bezeichnet wurde, stufte das Große Moor als ein «Gebiet von höchster Bedeutung für den Artenschutz» ein. Damit war der erste Schritt zum Erhalt und Schutz getan. 1984 wurden 2700 Hektar unter Naturschutz gestellt.

Nachdem die Hochmoorflächen abgetorft worden waren, blieben sie

150

jahrzehntelang ungenutzt als Ödland liegen. Das war die Chance für die Naturschützer. Es bestand die Möglichkeit, die abgetorften Flächen nicht wie geplant in landwirtschaftliche Nutzflächen umzuwandeln, sondern sie zu renaturieren. Die Voraussetzungen dafür waren gegeben: Auf den letzten unberührten Flächen hatte sich die typische Moorvegetation mit Torfmoosen, Wollgräsern, Sonnentau und Zwergsträuchern erhalten. Von diesen Inselbiotopen aus können sich unter günstigen Bedingungen die Pflanzen auf renaturierten Flächen ausbreiten. Auch die charakteristische Moorfauna hatte in solchen Rückzugsgebieten überlebt; Moorfrosch, Kreuzotter, Birkhuhn, Brachvogel, Kornweihe und Sumpfohreule waren noch anzutreffen.

Mit der Unterschutzstellung des Großen Moores begann der Aufbau eines Feuchtgebietes für moorgebundene Tier- und Pflanzenarten. Die vollständige Wiederherstellung eines zerstörten Hochmoores ist nicht immer von Erfolg gekrönt und braucht viel Zeit. Ein akzeptabler Kompromiß, wie er hier vorliegt, ist die Schaffung eines Feuchtgebietes mit Moorcharakter, in dem die typischen Moorarten geeigneten Lebensraum finden. Eine echte Regenerierung des Hochmoores in den folgenden Jahrzehnten bzw. Jahrhunderten ist damit nicht ausgeschlossen.

Wichtigste erste Maßnahmen waren die Entbuschung und das Verschließen der Entwässerungsgräben. Tausende von Birken wurden von den Flächen entfernt. Die Pflegemaßnahmen wurden zunächst von ehrenamtlichen, später auch von hauptamtlichen Mitarbeitern durchgeführt. Wie in der Diepholzer Moorniederung werden für die regelmäßige Pflege die widerstandsfähigen Moorschnucken eingesetzt, durch deren Abweiden die Moorflächen freigehalten werden sollen.

Trotz aller Schutzbemühungen werden im Großen Moor immer noch Flächen in einer Weise genutzt, die den wertvollen Lebensraum beeinträchtigen. Einzige Maßnahme dagegen ist der Erwerb weiterer Gebiete für Naturschutzzwecke.

Das Murnauer Moor

Das moorreichste Gebiet im südlichen Mitteleuropa ist das Alpenvorland. Eiszeitliche Gletscher hinterließen hier tiefe, von Moränen umgebene Mulden und Wannen. Das abtauende Eis bildete Seen, die allmählich verlandeten und sich zu Mooren entwickelten. Da die jährliche Niederschlagsmenge 1800 Millimeter erreichen kann, kommt es in diesem Gebiet zur Hochmoorbildung, sobald die Flachmoore über den Grundwasserspiegel hinausgewachsen sind.

Eines der größten Moore im Alpenvorland ist das Murnauer Moor. Es entstand nicht auf einem ehemaligen See, sondern es ist ein Durchströmungsmoor, das auf dem sandig-tonigen Boden in einer nach Norden geneigten Ebene von zahlreichen Bächen und Quellen gespeist wird. Das Moor ist etwa acht Kilometer lang, der Nordrand liegt circa 13 Meter tiefer als der Südrand. Die Wassermassen, die durch das Moor strömen, überschreiten sein Fassungsvermögen. Zahlreiche Bäche und Quellen entspringen dem Moor und bilden wassergefüllte Kolke. Vermutlich wegen seines Wasserreichtums ist das Moor bis heute weitgehend unberührt geblieben.

Eine charakteristische Vegetationsform des Murnauer Moores ist der Davallseggenrasen. Fast ähnlich stark verbreitet sind Feuchtwiesen, auf denen die Mehlprimel und Kopfbinse vorherrschen. Diese eher nährstoff- und kalkliebenden Pflanzengesellschaften findet man in den südlicheren Bereichen des Moores. Weiter entfernt vom oberen Moorrand ist das Wasser ärmer an Kalk und Nährstoffen. Hier bilden sich schwach basische und schwach saure Zwischenmoore mit verschiedenen Seggen- und Moosarten.

Da die Streuwiesen des Murnauer Moores seit Jahren nicht mehr genutzt werden, konnte sich das Schilf stark ausbreiten. Es verdrängt die Seggenriede und Pfeifengras-Wiesen. Erhaltende Pflegemaßnahmen sind dringend notwendig.

Das Schwarze Moor in der Rhön

Westlich des Thüringer Waldes erhebt sich der Gebirgszug der Hohen Rhön. Höchster Berg ist die Wasserkuppe mit 950 Meter über dem Meeresspiegel. Dieses Gebiet, der Naturpark Hohe Rhön, ist heute ein beliebtes Ausflugs- und Urlaubsziel.

Nicht nur im Sommer, sondern wegen der guten Schneeverhältnisse kommen auch im Winter recht viele Besucher. Aber gerade in den Wintermonaten werden durch sie viele Wildtiere gestört, die bei der Flucht zu viel Energie verlieren. Mehrmalige Störungen können unter Umständen die Tiere so entkräften, daß sie die kalte Jahreszeit nicht überleben. Gefährdet ist hier vor allem das Birkhuhn. In der Rhön existiert noch einer der letzten größeren Birkhuhnbestände. Da ihr Organismus während des Winters auf Energiesparen eingerichtet ist, sind diese seltenen Vögel durch Störungen extrem gefährdet. Dank des feuchtkühlen Klimas konnten sich in der Rhön mehrere größere Regenmoore entwickeln. Am bekanntesten ist das Schwarze Moor in der bayerischen Rhön mit einer Größe von 60 Hektar. Dieses Moor ist ein typisches Hochmoor: es besitzt die charakteristische Uhrglas-Aufwölbung. Kein anderes Moor in Mitteleuropa zeigt so deutlich eine Gliederung der Vegetation in Abhängigkeit von der Oberflächengestalt. Daher besitzt dieses Moor einen besonderen wissenschaftlichen Wert. Von einer zentralen Hochebene aus fällt die Mooroberfläche nach allen Seiten ab. Besonders in den höheren Bereichen haben sich langgestreckte Schlenken gebildet, die bis zu 50 Meter lang und ein bis drei Meter tief sein können. Diese Schlenken werden als Flarke bezeichnet. Ferner ist das Landschaftsbild des Schwarzen Moores durch zahlreiche «Mooraugen» geprägt. An den verschiedenen Stellen des Moores kann man unterschiedliche Torfmoosgesellschaften erkennen: Während in den oberen Bereichen in erster Linie braune Torfmoose wachsen, findet man an den Rändern der Kolke und Flarke rote und grüne, an den stärker geneigten Flächen gelbgrüne Torfmoose. Über den ganzen Moorbereich sind krüppelwüchsige Waldkiefern locker verteilt.

Jedes Jahr zieht es Tausende von Besuchern zum Schwarzen Moor. Aber gerade dieser empfindliche Lebensraum ist durch Trittschäden und Verunreinigungen stark gefährdet. Daher hat man durch das Moor einen Rundpfad aus Holzbohlen angelegt. So kann man trockenen und sicheren Fußes einen einzigartigen Lebensraum hautnah erleben. Mehrere Stationen auf diesem Weg mit Informationstafeln erklären dem interessierten Besucher Fauna, Flora und Entstehung des Moores.

Der Oberrhein

Der Oberrhein ist ein Paradebeispiel dafür, wie eine Flußlandschaft nach und nach verbaut wurde. Diesen Baumaßnahmen fielen die meisten Auenbereiche zum Opfer. Schon in den Jahren 1817 bis 1878 wurde die sogenannte Oberrhein-Korrektion durchgeführt, von 1906 bis 1936 schloß sich die Niedrigwasser-Regulierung an. Nach dem Zweiten Weltkrieg folgte dann der Oberrhein-Ausbau, der 1977 beendet wurde. Diese Baumaßnahmen reduzierten die Überschwemmungsgebiete drastisch. Seit dem letzten Jahrhundert existiert ein Dammsystem, das den landseitigen und flächenmäßig größten Teil der Aue vom Fluß trennte. Von 1955 bis 1977 wurden 60 Prozent der damals noch existierenden Aue vom Fluß abgeschnitten. Heute können nur noch sechs Prozent der ehemaligen Auenflächen als naturnahe Standorte bezeichnet werden, wobei nur ein bis zwei Prozent naturnahe Lebensgemeinschaften aufweisen.

Aber nicht nur direkte Flächenverluste durch Dammbauten, sondern auch andere Maßnahmen führten zum Verlust von Auengebieten. Dazu zählen die Änderungen in der Bewirtschaftung durch Forst- und Landwirtschaft. Kahlschläge zerstörten die vielfältigen Auenwälder. An ihre

Stelle traten eintönige Monokulturen aus Pappeln, Roteichen oder Ahorn, deren Wert weit unter dem eines echten Hartholzauenwaldes liegt. Die meisten Wiesen der Rheinniederung wurden in den letzten Jahrzehnten in Ackerflächen umgewandelt oder durch Kiesgruben zerstört. Zwischen 1940 und 1984 verschwanden über 70 Prozent der Wiesen. Die übriggebliebenen Wiesengesellschaften werden vor allem durch die Düngung beeinträchtigt.

Die Baumaßnahmen veränderten auch den Charakter des Flusses selbst. Das Anlegen der Staustufen bewirkte, daß der Fluß kein Geschiebe und keine Sedimente mehr mit sich führt, ein Grund für das Verschwinden der dynamischen Weichholzauen. Auch die befestigten Ufer tragen in geringem Maße dazu bei. Die Eintiefung des Flußbettes ließ die Wasserstände immer weiter absinken. Schließlich kamen die Auenbereiche so weit über dem Fluß zu liegen, daß sie nicht mehr oder nur höchst selten überflutet wurden. Dadurch änderte sich natürlich die Artenzusammensetzung von Flora und Fauna, und der typische Auencharakter ging verloren.

Heute gibt es nur noch wenige großflächige zusammenhängende Auenbereiche am Oberrhein. Dazu gehört die Rheinaue zwischen Rastatt und Karlsruhe mit einer Fläche von 1800 Hektar, der Bereich auf der französischen Seite mit eingerechnet. Ein Teil des Gebietes, die Rastatter Rheinauen, ist als Naturschutzgebiet ausgewiesen; eine Unterschutzstellung der gesamten Fläche wird angestrebt.

Das größte hessische Naturschutzgebiet und gleichzeitig die größte geschützte Auenlandschaft ist das Naturschutzgebiet Kühkopf-Knoblochsaue. Das rund 2400 Hektar große Gebiet liegt unweit von Darmstadt in der Mäanderzone des Oberrheins. Mit seinen ausgedehnten Hartholzauenwäldern und seinen Verlandungsgesellschaften hat es besondere Bedeutung erlangt. Durch die milden Winter und die warmen Sommer begünstigt, haben sich vielfältige Lebensgemeinschaften entwickelt: alte Bäume, dichte Strauchbestände, ausgedehnte Röhrichtzonen, verschlammte Ufer, sumpfige Wiesen und stille Gewässer. Fast 100 Vogelarten brüten hier, ebenso viele Arten nutzen dieses Gebiet als Rastplatz.

Kühkopf- und Knoblochsaue sind nicht nur die größte geschützte Auenlandschaft, sondern auch das einzige Beispiel, für die flächemäßige Vergrößerung einer echten Aue. Dies geschah zunächst unbeabsichtigt: Bei einem großen Hochwasser im April 1983 brachen Dämme, die zum Schutz von Ackerflächen errichtet worden waren. Sie wurden nicht wiederaufgebaut. Seitdem werden regelmäßig die 400 Hektar der ehemaligen und nun der natürlichen Entwicklung überlassenen Ackerflächen sowie 300 Hektar Wald überschwemmt. Die Ergebnisse dieses

154

zufällig entstandenen Renaturierungs-Großversuches waren sehr erfreulich. Die Besiedelung der Flächen mit auentypischen Pflanzen- und Tierarten ging sehr schnell voran. Länger anhaltende Hochwässer führten zum Absterben der weniger wassertoleranten und damit nicht auentypischen Pflanzenarten. Aus diesem Fall lassen sich bestimmt wertvolle Erkenntnisse für andere Renaturierungsprojekte gewinnen.

Ein weiteres hessisches Naturschutzgebiet am Oberrhein ist der Lampertheimer Altrhein mit einer Größe von über 500 Hektar. Es ist bekannt für seine Wasserpflanzengesellschaften und Auenwiesen und ist ein wichtiger Vogelbiotop.

Unterer Niederrhein

Seit 1982 ist der Untere Niederrhein in die Liste der international bedeutenden Feuchtgebiete der Ramsar-Konvention aufgenommen. Das Landschaftsbild ist geprägt vom Rhein mit seinen angrenzenden feuchten Wiesen und Weiden im Überschwemmungsbereich, den Rheinaltarmen, den offenen, sandig-kiesigen Uferstreifen und den großflächigen Kiesabgrabungen. Auch das umliegende Kulturland besitzt einen typischen Charakter: Die als Acker oder Weidegrünland bewirtschafteten Kulturflächen werden durch Reihen von Kopfweiden, Feldhecken und Gräben reich gegliedert und bieten ebenfalls wertvollen Lebensraum.

Im Laufe der letzten Jahrtausende hat der Rhein in diesem Gebiet ein reliefreiches Gelände geschaffen, das von vielen Altwasserläufen durchschnitten wurde. Höher gelegene Bereiche wechselten mit tieferen, feuchten Flächen ab. Bei Hochwasser oder nach ausgiebigen Regenfällen standen große Teile dieses Gebietes unter Wasser. Es bildeten sich Sümpfe und Auenwälder, die jedoch in den vergangenen Jahrhunderten von den Landwirten in eine bäuerliche Kulturlandschaft umgewandelt wurden. Höhergelegene Flächen wurden als Ackerland, tieferliegende als Grünland genutzt. So entstand die heute als typisch empfundene niederrheinische Landschaft.

Großflächige Eindeichungen, die hauptsächlich Anfang des Jahrhunderts vorgenommen wurden, Entwässerungsmaßnahmen und die landwirtschaftliche Intensivierung der letzten Jahrzehnte verringerten den Überschwemmungsbereich des Rheins erheblich. Durch die Absenkung des Grundwasserspiegels konnte das bisher hochwassergefährdete Grünland nun beackert werden. Ende der siebziger Jahre wurden etwa 70 Prozent des zukünftigen Ramsar-Gebietes landwirtschaftlich genutzt. Heute ist das Überschwemmungsgebiet auf etwa 25 Prozent der Gesamtfläche reduziert und wird teilweise sogar für den Ackerbau genutzt.

Das Ramsar-Gebiet Unterer Niederrhein erstreckt sich beiderseits des Rheins nördlich vom Ruhrgebiet ab Duisburg-Walsum bis zur niederländischen Grenze und setzt sich jenseits der Staatsgrenze fort. Der im Bundesland NordrheinWestfalen befindliche Teil zwischen Rheinstromkilometer 793 und 865 umfaßt etwa 25'000 Hektar und ist somit das größte der drei nordrhein-westfälischen Ramsar-Gebiete. Die Feuchtwiesen am Unteren Niederrhein haben sich in den letzten Jahrzehnten zu einem international bedeutsamen Rast- und Überwinterunggebiet für zahlreiche Wat- und Wasservogelarten entwickelt. Für die in der Tundra brütenden Saatgänse ist dieses Gebiet einer der wichtigsten Überwinterungsplätze. Etwa 20 bis 25 Prozent ihres Gesamtbestandes überwintert in Nordrhein-Westfalen. Außerdem rasten hier die in anderen Teilen Westeuropas überwinternden Saatgänse und ein Großteil der Bläßgänse, wenn sie sich auf dem Rückflug zu ihren Brutplätzen befinden. In den vergangenen Jahren hielten sich in den Wintermonaten zeitweilig bis zu 100'000 Gänse hier auf. Im Herbst und Winter kann man aber auch große Scharen anderer Sumpf- und Wasservögel beobachten wie zum Beispiel Singschwäne, Zwergschwäne, Krickenten, Tafelenten, Reiherenten, Goldregenpfeifer, Zwergsäger, Kiebitze und Bläßrallen.

Dem Unteren Niederrhein kommt als Brutgebiet eine gewisse nationale Bedeutung zu. Viele Vogelarten, die in ihrem Bestand bedroht sind, brüten hier. Dazu zählen der Kampfläufer, der Rotschenkel, die Bekassine, die Uferschnepfe, der Große Brachvogel, der Kormoran, die Rohrweihe, der Flußregenpfeifer, die Trauerseeschwalbe, die Flußseeschwalbe, das Braunkehlchen, die Knäkente, die Krickente, die Löffelente und die Brandgans.

Eine Untersuchung über den Zeitraum von 1970 bis 1987 ergab, daß bei zwei Dritteln der 56 auf Feuchtflächen angewiesenen Brutvogelarten ein deutlicher Rückgang zu verzeichnen war. Bei 15 Arten wurde eine Bestandszunahme festgestellt. Hierbei handelte es sich allerdings um Arten, die sich auf künstlichen Sandflächen und an Baggerseen wohlfühlen. Die Zahl der Durchzügler und Wintergäste stieg ein wenig an. Da sie ohnehin außerhalb der Vegetationszeit den Unteren Niederrhein aufsuchen, macht sich der Rückgang bzw. die Beeinträchtigung der Feuchtflächen in deren Bestand nicht so sehr bemerkbar.

Die Unterschutzstellung eines solch großen Gebietes bringt ungeheure Schwierigkeiten mit sich und ist kaum durchführbar. Die Schutzbemühungen konzentrieren sich daher auf großräumige Teilbereiche. Bisher wurden 15 Teilflächen von 8731 Hektar Größe zum Naturschutzgebiet erklärt. Das macht immerhin 35 Prozent der gesamten Ramsar-Fläche aus. Weitere Unterschutzstellungen sind vorgesehen. Besonders

wichtig war das Schützen der Hauptnahrungsgebiete der überwinternden Wildgänse. Nach langwierigen Verhandlungen mit Landwirten und
Grundeigentümern, die einige Schwierigkeiten mit sich brachten, konnten 1987 rund 5000 Hektar der für Gänse wichtigen Nahrungsgründe
unter Naturschutz gestellt werden.

In diesem Zusammenhang soll das Naturschutzgebiet Xantener
Altrhein und Bislicher Insel genannt werden. Es besitzt eine Fläche von
über 600 Hektar. Große Teile dieses Gebietes werden regelmäßig überflutet. Es fehlen zwar Auenwälder, die ausgedehnten Röhrichtbestände
und Auenwiesen bieten jedoch zahlreichen Vogelarten Brut- und Rastplätze.

Ein weiteres Problem stellte der Landesentwicklungsplan dar, der
schon seit den siebziger Jahren am Unteren Niederrhein großflächige
Industrieanlagen vorgesehen hatte. Die Flächen waren teilweise bereits
im Besitz der Industrieunternehmen. Durch finanziellen Einsatz von
seiten der Landesregierung und durch freiwillige Vereinbarungen zwischen den Betroffenen erhielt letztendlich doch der Naturschutz und die
Erhaltung dieses wertvollen Lebensraumes Vorrang.

Aber nicht nur für den Ankauf und Tausch von Naturschutzflächen
und die Pflege und Entwicklung von Naturschutzgebieten, sondern auch
für die Entschädigungszahlungen an Landwirte für Gänse-Fraßschäden
muß die Landesregierung finanzielle Mittel aufbringen.

Wie alle anderen Feuchtgebiete ist auch der Untere Niederrhein,
zumindest in den Bereichen, die noch nicht Naturschutzgebiet sind,
weiterhin gefährdet. Nach wie vor stehen die ökonomischen Interessen
den ökologischen entgegen. Unweit entfernt vom Ballungszentrum
Rhein-Rhur läuft das Gebiet Gefahr, durch die Errichtung von Verkehrs-
wegen, Hochspannungsleitungen und Industrieanlagen beeinträchtigt
zu werden. Auch weiterer Kiesabbau würde wertvolle Lebensräume
zerstören. Landwirte, die immer noch das Grünland entwässern und in
Ackerland umwandeln, nehmen diesen Flächen ihren typischen Charakter, Brut- und Nahrungsgründe für Vögel und Lebensräume für bedrohte
Pflanzen gehen verloren. Auch militärische Einrichtungen schadeten
dem Gebiet: Panzerstraßen zerschneiden in Abständen von zwei Kilo-
metern die flußbegleitende Landschaft und enden in einer Rampe am
Rheinufer. Dadurch entstanden bequeme Zugänge zum Flußufer, die als
Grill- und Feuerplätze genutzt werden. Militärische Düsenflugzeuge
und Privatmaschinen sind eine fast ständige Lärmbelästigung, die besonders Vögel, die sich als rastende Durchzügler hier aufhalten, ver-
schreckt. Nicht zuletzt beeinträchtigt die zunehmende Freizeitnutzung
dieses Gebiet. Campingplätze, Yachthäfen, Angler, Surfer und Boote

beunruhigen das Gewässer und die Uferzonen und damit auch die dort lebenden Tiere.

Der Untere Niederrhein ist also kein positives Beispiel für die Erhaltung eines bedeutsamen Feuchtgebietes. Daher ist es weiterhin notwendig, auch die restlichen Flächen des Ramsar-Gebietes unter Naturschutz zu stellen oder zumindest ihre Erhaltung zu sichern und strikte Maßnahmen gegen weitere Nutzungen und Intensivierungen, sei es für Landwirtschaft, Industrie oder Tourismus, zu ergreifen.

Die Weserstaustufe Schlüsselburg

Die Weserstaustufe Schlüsselburg ist das dritte in Nordrhein-Westfalen befindliche Feuchtgebiet internationaler Bedeutung. Bei einer Größe von etwa 1600 Hektar umfaßt es einen 25 Kilometer langen Teilabschnitt der Weser mit dem angrenzenden Auenbereich. Es liegt zwischen Petershagen und Schlüsselburg im Kreis Minden-Lübbecke und reicht bis an die Grenze zu Niedersachsen.

Eigentlich kann man sich nicht vorstellen, daß ein als Staustufe bezeichnetes Landschaftselement ein international bedeutendes Feuchtgebiet sein kann. Die Weser besitzt aber in diesem Abschnitt trotz oder vielleicht sogar gerade wegen der Staustufe ein weitreichendes Auengebiet mit angrenzenden Feuchtwiesen. Die Weserstaustufe wurde im Jahre 1956 im Rahmen der Mittelweser-Kanalisierung gebaut. Eine sieben Kilometer lange Weserschleife wurde von dem Berufsschiffsverkehr freigestellt und durch ein Wehr in das fünf Kilometer lange Oberwasser und das zwei Kilometer lange Unterwasser geteilt. Vor dem Wehr schwankt die Fließgeschwindigkeit der Weser sehr stark. Die Ufer sind flach bewachsen, hinter dem Wehr haben sich Stillwasserbereiche gebildet. Die marschlandähnlichen Uferbereiche werden landwirtschaftlich genutzt. Im Bereich der sogenannten Häverner Marsch hat sich durch den flachen Überschwemmungsbereich eine sehr breite Flußaue ausgebildet. Das Gebiet besitzt internationale Bedeutung vor allem als Rast- und Überwinterungsplatz für Wasservögel. Viele Vögel suchen diese Flächen besonders bei starkem Frost auf, da die Weser nie vollständig zufriert. Seit 1972 überwintern hier jedes Jahr über 2500 Tafelenten; das entspricht etwa einem Prozent der Gesamtpopulation dieser Entenart. Besonders groß sind die Bestände an Stockenten, Reiherenten und Gänsesägern. Vermutlich ist die Weserstaustufe der größte Schellenten-Überwinterungsplatz der gesamten Bundesrepublik und der größte Goldregenpfeifer-Rastplatz in Westfalen. In den letzten Jahren konnte eine Zunahme der Reiherentenbestände verzeichnet werden. Diese Vögel nutzen das Gebiet als Mauserplatz. Wahrscheinlich ist dies auf die Vermehrung der Wandermuschel zurückzuführen, die die Hauptnahrung der Reiherente ist.

Dank des großen Nahrungsangebots finden sich manchmal bis zu 10'000 Wasservögel in den Weserauen ein. Die Weser selbst und auch die durch den Kiesabbau entstandenen Seen in Ufernähe sind so produktiv, daß sie ganzjährig ausreichend Nahrung für die Wasservögel liefern. Wichtige Nahrungsorganismen sind neben der Wandermuschel Flohkrebse und Tubifex-Würmer. Auch absterbende Pflanzenteile werden von den Vögeln gerne gefressen.

Da sich dieser Bereich der Weser in der Nähe zur Meeresküste und zu den beiden großen Binnenseen Steinhuder Meer und Dümmer See und unweit einer Leitlinie des Vogelzuges befindet, wird er gerne von Zugvögeln als Rastplatz genutzt. Nicht zuletzt trägt auch die relativ dünne Besiedelung und das geringe Verkehrsaufkommen in diesem Gebiet zum Vogelreichtum bei.

Die Weserstaustufe Schlüsselburg hatte schon lange den Schutzstatus eines Landschaftsschutzgebietes. 1983 wurde die Häverner Marsch mit einer Fläche von 68 Hektar unter Naturschutz gestellt. 1985 wurde die Staustufe Schlüsselburg als Kernzone eines Feuchtgebietes internationaler Bedeutung mit einer Größe von 268 Hektar zum Naturschutzgebiet erklärt. 1987 folgte das dritte Naturschutzgebiet Mittelweser. Zusätzlich soll noch eine vierte Teilfläche von etwa 31 Hektar unter Schutz gestellt werden. Mit den Naturschutzverordnungen waren auch Einschränkungen der Nutzung und Verbote zum Schutz der Tier- und Pflanzenwelt verbunden. In der Häverner Marsch wurde der Angel- und Wassersport ganzjährig untersagt, im Bereich der Staustufe zeitlich eingeschränkt. Rastende Vögel werden durch Wassersport, Angler und Jäger besonders in den Herbst- und Wintermonaten erheblich beunruhigt. Obwohl diese Nutzungen durch die Verordnungen weitgehend eingeschränkt sind, führt die Mißachtung dieser Regelungen immer wieder zu erheblichen Störungen der Vögel, die während ihres Aufenthaltes in der Weseraue ein besonderes Schutz- und Ruhebedürfnis haben.

Seit etwa 50 Jahren brüten im Kreis Minden-Lübbecke die letzten Weißstörche Nordrhein-Westfalens. Die Weserstaustufe gehört zum nordwestdeutschen Weißstorch-Brutareal, das sich weiter über die nördlicheren Bundesländer erstreckt. Der Rückgang des Weißstorchs ist einerseits auf die Intensivierung der Landwirtschaft, andererseits auf Unfälle durch Draht- und Hochspannungsleitungen zurückzuführen. Im Rahmen einer Sonderaktion versucht man, die letzten Weißstorch-Brutvorkommen Nordrhein-Westfalens zu sichern. Für den Zeitraum von

1987 bis 1990 wurden allein acht Millionen Mark für das sogenannte Weißstorch-Programm bereitgestellt. Dazu gehört die Sicherung und Verbesserung der Nahrungsbiotope und die Errichtung von Kunsthorsten. Die Sicherung der Nahrungsräume erfordert den Ankauf von Grünland und Ackerflächen und deren Umwandlung zu geeigneten Nahrungsbiotopen.

Im Bereich der Weserstaustufe wurde an mehreren Stellen Kies abgebaut. Die ehemaligen Abgrabungsgebiete sollten naturnah gestaltet bzw. renaturiert werden. Dazu mußten in den ehemaligen Kiesgruben Röhrichtzonen und Flachwasserbereiche angelegt, Kleingewässer und feuchte Senken geschaffen, Entwässerungsgräben verschlossen werden, Inseln oder Halbinseln aufgeschüttet und Initial- und Schutzpflanzungen angelegt werden. Die zukünftige Pflege erfordert z.B. Mähen und Entbuschen.

Um keine Kontroverse zwischen den Belangen des Naturschutzes und den Bedürfnissen der Besucher aufkommen zu lassen, sind weitere Maßnahmen sinnvoll: Die Sperrung bestimmter Bereiche gewährleistet Schutz für Pflanzen und Tiere. Die Errichtung von Informationstafeln und Beobachtungsständen ermöglicht den Besuchern, möglichst intensiv das Gebiet zu erleben, ohne die zum Teil empfindlichen Lebensgemeinschaften zu beeinträchtigen.

Die «Biologische Station Minden-Lübbecke» wurde mit der Erstellung eines Pflege- und Entwicklungsplanes beauftragt. Weiterhin ist sie für die wissenschaftliche und praktische Betreuung des international bedeutsamen Feuchtgebietes verantwortlich.

Mit Hilfe eines Schutzprogrammes des Landes Nordrhein-Westfalen sollen weitere feuchte Grünlandflächen in der Weseraue von insgesamt etwa 1000 Hektar gesichert werden. Regelungen zum Schutz solcher Feuchtwiesen beinhalten ein Umbruch- und Entwässerungsverbot. Den Landwirten, die solche Grünflächen bewirtschaften, werden Ausgleichszahlungen im Rahmen des Feuchtwiesenschutz-Programmes angeboten.

Das Naturschutzgebiet Wümmewiesen

Die Wümmewiesen am Nordostrand von Bremen sind eines der letzten großen Feuchtwiesengebiete Deutschlands, das regelmäßig überschwemmt wird. Dieser Landschaftstyp prägte früher die gesamte norddeutsche Tiefebene. Durch menschliche Eingriffe wie Flußbegradigungen, Dammbauten und Trockenlegungen ging dieser Lebensraumtyp weitgehend verloren.

Die Wümme ist etwa 100 Kilometer lang und weitgehend naturbelassen. Sie entspringt in der Lüneburger Heide. Nordwestlich von Bremem vereinigt sie sich mit der Hamme zur Lesum, die nach weiteren 20 Kilometer in die Weser mündet. Früher schlängelten sich bis zu 80 Flußarme durch das breite Wümmetal. Heute sind davon nur noch drei Stück übrig geblieben. Der Rest fiel der zunehmend intensiveren landwirtschaftlichen Nutzung zum Opfer. Die Flußarme wurden kanalisiert. Eine Folge davon war das wesentliche schnellere Abfließen des Wassers, das besonders bei starken Regenfällen in den flußabwärts liegenden Bereichen zu Hochwasser führt. Zur Verhinderung größerer Überschwemmungen wurden daher Sperrwerke erbaut.

Als 1980 ein weiterer Nebenarm der Wümme kanalisiert werden sollte, regte sich endlich Widerstand seitens der Naturschützer. Die Begradigung wurde verhindert. 1983 kaufte der Bund für Umwelt- und Naturschutz die ersten Grundstücke im Wümmegebiet. Mittlerweile konnten etwa 300 Hektar für den Naturschutz erworben werden, auf denen Renaturierungsmaßnahmen durchgeführt werden. Diese Fläche ist das Kerngebiet des im April 1987 ausgewiesenen Naturschutzgebietes Borgfelder Wümmewiesen. Die gesamte Fläche umfaßt etwa 700 Hektar. Mit der Unterschutzstellung ging die Einschränkung der landwirtschaftlichen Nutzung einher. Dazu gehört der Verzicht auf Pestizide, auf das Ausbringen von Gülle und auf den Einsatz von Dünger. Diese Bestimmungen betreffen aber leider nicht die Umgebung. Wenn auf diesen Flächen weiterhin Pestizide und Gülle ausgebracht werden, ist die Belastung des angrenzenden Naturschutzgebietes nicht auszuschließen. Entsprechende Vereinbarungen mit den Landwirten könnten Abhilfe schaffen.

Die Wümmewiesen sind wertvolle Brut-, Rast- und Nahrungsbiotope für zahlreiche Vogelarten. Zu den charakteristischen Arten, die hier anzutreffen sind, gehören der Eisvogel, die Gebirgsstelze und der Schwarzstorch. Ungefähr fünf Prozent des weltweiten Zwergschwanbestandes überwintert regelmäßig auf den Wümmewiesen. Zu den Brutvögeln dieses Gebietes zählen der Weißstorch, der Große Brachvogel, die Uferschnepfe und der Kampfläufer; Sumpfohreule, Wiesenweihe und Wachtelkönig leben ebenfalls hier.

Im Rahmen der Renaturierungsmaßnahmen wurden Böschungssicherungen und Uferbefestigungen im Wümmegebiet entfernt, damit der Fluß sein Bett wieder selber modellieren kann. Es entstehen Sand- und Kiesbänke. Bei Hochwasser werden die angrenzenden Wiesen überschwemmt, allmählich können sich wieder fruchtbare Auenwiesen entwickeln.

Auch der Mensch profitiert von der Renaturierung. Die Überschwem-
mungsgefahr wird vermindert, und die Wasserqualität verbessert sich,
weil sich durch die längere Verweildauer des Wassers die biologische
Reinigungskraft verstärkt. Außerdem werden die Grundwasserreserven
durch das Versickern des über die Ufer getretenen Wassers aufgefüllt.

Baie de Fanel et le Chablais

Dieses Ramsar-Gebiet ist der Überrest eines Feuchtgebietes, das sich
zwischen Bieler-, Murten- und Neuenburgersee befindet. Es umfaßt eine
Fläche von 1155 Hektar. Neben offenen Wasserflächen finden sich dort
Auengebiete, flache Uferzonen, Schlickflächen und Niedermoore. Zwei
künstlich geschaffene Inseln sollen die Attraktivität als Brutgebiet für
Vögel erhöhen.
    Durch die Vielfalt der Lebensräume ist dieses Feuchtgebiet ein bedeu-
tender Brut-, Rast- und Überwinterungsplatz für Wasservögel. Hier
überwintern regelmäßig Saatgänse. Weiterhin befinden sich hier die
größten Brutkolonien von Lachmöwe und Flußseeschwalbe in der
Schweiz. In den Uferzonen und auf den Schlickflächen suchen viele
Limikolen nach Nahrung. Bis zu 300 Gänsesäger finden sich dort während der Mauser ein.

Bolle di Magadino

Dieses Gebiet ist eines der letzten intakten natürlichen Deltas in der
Schweiz, wo die Flüsse Ticino und Verzasca in den Lago Maggiore
münden. Die Ramsar-Fläche umfaßt 661 Hektar. Eine große Schilfland-
schaft beherbergt eine außerordentliche Vielfalt an Wasser- und Sumpfpflanzen. Außerdem finden sich dort Auengebiete und Niedermoore.
Das Gebiet ist als Rastplatz für Zugvögel und als Brutstätte seltener
Vogelarten sehr wichtig. Zu den hier anzutreffenden Brutvögeln gehören
die Zwergdommel, die Krickente, der Flußregenpfeifer, der Eisvogel und
der Drosselrohrsänger.

Les Grangettes

Diese Ramsar-Fläche umfaßt das Mündungsgebiet der Rhône am Südufer des Genfer Sees etwa 25 km südlich von Lausanne. Die Größe beträgt
330 Hektar. Neben offenen Wasserflächen gehören zu diesem Gebiet
Auen, Schilfbestände, Niedermoore und gehölzreiche Uferzonen. Verschiedene Orchideenarten sind hier zu finden.

162

Diesem Gebiet kommt eine außerordentliche Bedeutung als Rast- und Überwinterungsplatz für verschiedene Zugvogelarten zu. Hierzu gehören Tafel- und Reiherenten. Für zahlreiche, zum Teil bedrohte Arten wie zum Beispiel Haubentaucher und Schwarzmilan ist Les Grangettes ein wichtiges Brutgebiet. Kleine Gruppen von Eiderenten werden hier regelmäßig gesichtet, was höchst ungewöhnlich für diese vorwiegend marin lebende Entenart ist.

Südufer des Neuenburger Sees

Dieses sich über etwa 40 km Länge erstreckende Gebiet stellt den größten schweizerischen Bestand an Ufervegetation dar. Es ist der Standort vieler seltener Sumpfpflanzen. Die offene Wasserfläche geht über Schilfgürtel und Flachmoore in Feuchtwiesen über, die unterschiedliche Sauergras-Gesellschaften beherbergen. Weiterhin findet man die typische Auenvegetation.

Diese Ramsar-Fläche mit einer Gesamtgröße von 3063 Hektar ist ein sehr bedeutender Rast-, Überwinterungs- und Brutplatz für verschiedene Wasser- und Singvögel. Hier brüten zum Beispiel der Haubentaucher, der Drosselrohrsänger und die Zwergdommel, der kleinste reiherartige Vogel. Das Südufer des Neuenburger Sees ist auch der einzige Ort in der Schweiz, wo die Bartmeise brütet. Aber nicht nur die zahlreichen Vogelarten, sondern auch Wirbellose, Amphibien und Reptilien, von denen viele Arten aufgrund der immer knapper werdenden Lebensräume gefährdet sind, finden in diesem Feuchtgebiet geeignete Lebensbedingungen.

Rade de Genève et Rhône en aval de Genève

In diesem Gebiet befindet sich einer der letzten Bereiche des Rhône-Verlaufs, die noch naturbelassen und unbeeinflußt sind. Die 1032 Hektar große Ramsar-Fläche umfaßt die Seebucht von Genf und den Verlauf der Rhone bis zur Einmündung des Allondon.

Das Gebiet ist ein wichtiger Rast- und Nahrungsplatz für überwinternde Wasservögel, insbesondere für Reiher- und Tafelenten.

Klingnauer Stausee

Der Klingnauer Stausee ist ein Beispiel dafür, wie ein von Menschenhand geschaffener Lebensraum eine wichtige Bedeutung für die Tier- und Pflanzenwelt erlangt hat. Der Staudamm wurde im Jahre 1935 an der Aare nur etwa 1 km südlich der deutschen Grenze errichtet. Der Stausee ist etwa 3 km lang. Die Ramsar-Fläche Klingnauer Stausee mit 355 Hektar Größe umfaßt sowohl das Staubecken als auch den Verlauf der Aare vom Stauwehr bis zur Einmündung in den Rhein. Angrenzend befinden sich Weichholzauen und Niedermoore.

Das Gebiet ist eines der wichtigsten Lebensräume für Limikolen in der Schweiz. Hunderte von Krickenten, Reiherenten und Tafelenten finden sich dort im Winter ein.

Stausee Niederried

Dieser Stausee wurde schon im Jahre 1913 durch die Errichtung eines Dammes geschaffen. Auch er befindet sich am Flußlauf der Aare etwa 15 km nordwestlich von Bern. Die Größe der Ramsar-Fläche beträgt 303 Hektar. Sie schließt außer dem Stausee noch die angrenzenden Schilfbestände, die von Sauergräsern geprägten Niedermoore, die Weichholzaue, bewaldete Steilhänge und Molasse-Sandsteinfelsen ein.

Das Gebiet zeichnet sich durch eine große Artenvielfalt aus. Die an den Stausee angrenzenden Feuchtgebiete sind bedeutende Brutgebiete. Für Tafelenten, Reiherenten und Krickenten ist der Stausee Niederried ein wichtiger Überwinterungsplatz.

Kaltbrunner Riet

Dieses Gebiet ist mit einer Größe von 150 Hektar die kleinste der schweizerischen Ramsar-Flächen. Früher erstreckte sich entlang des Linth eine ausgedehnte Sumpflandschaft. Das Kaltbrunner Riet ist einer der letzten verbliebenen Überreste dieser Sumpflandschaft. Die Flachmoore und Feuchtwiesen zeichnen sich durch verschiedene Baldrian-, Pfeifengras-, Ziest- und Seggenarten sowie durch die Mädesüß aus.

Das Gebiet befindet sich inmitten einer intensiv genutzten Kulturlandschaft und ist daher unentbehrlicher Lebensraum für Wasser- und Sumpfvögel, Amphibien, insbesondere Molche, und Libellen. Das Riet ist Rastplatz für durchziehende Gründelenten und Limikolen. Es beherbergt sogar eine alte Lachmöwenkolonie, aufgrund derer dort einst ein Vogelschutzgebiet geschaffen wurde. Etwa 25 Hektar im Zentrum der Fläche sind im Besitz des Schweizerischen Bundes für Naturschutz.

Der Neusiedler See und die Lacken des Seewinkels

Seit 1977 ist dieses Gebiet als Biosphärenreservat ausgewiesen. Im Jahre 1983 trat Österreich der Ramsar-Konvention bei und gab neben vier

164

weiteren dieses Areal als international bedeutendes Feuchtgebiet an. Die
Größe des Gebietes beträgt zwischen 57'500 und 62'500 Hektar. Im Jahre
1993 ist die Zahl der österreichischen Feuchtgebiete, die der Ramsar-
Konvention unterliegen, auf sieben angestiegen.

Naturschützer forderten die Ausweisung als Nationalpark. Im Sommer 1990 wurde der Staatsvertrag zwischen Österreich und Ungarn
unterzeichnet, so daß der Schaffung eines grenzüberschreitenden Nationalparks nichts mehr im Wege stand. Am 12.11.92 wurden wesentliche
Bereiche des Ramsar-Gebietes im Nationalparkgesetz erfaßt. Außerdem
befinden sich in dem Areal einige Naturschutzgebiete wie zum Beispiel
die Lange Lacke. Weitere Schutzbemühungen wie Extensivierungspro-
gramme tragen zum Erhalt dieser Naturlandschaft bei.

Der Neusiedler See ist 320 Quadratkilometer groß. Er ist der einzige
europäische Steppensee und kann gelegentlich fast vollständig austrocknen. An seiner Ostseite befindet sich der sogenannte Seewinkel, der ein
wichtiger Brut- und Nahrungsbiotop zahlreicher Reiher- und Watvogel-
arten ist. Eine Besonderheit des Neusiedler Sees sind die beträchtlichen
jahres- und tageszeitlichen Wasserstandschwankungen, die durch die
rasch wechselnden Winde zustande kommen. Das Wasser ist leicht salz-
haltig. Die Ufervegetation wird von Schilf, Schwertlilie und Rohrkolben
bestimmt. Daran schließen sich Großseggenriede und feuchte Mähwiesen an. Das Landschaftsbild dieser Zone wird außerdem von zahlreichen
wassergefüllten Senken, den Lacken, geprägt. Im Sommer trocknen sie
bis auf wenige aus. Je nach Bodenbeschaffenheit, die ein mosaikartiges
Muster verschiedener Bodentypen aufweist, sind auch die Lacken unterschiedlich ausgebildet (Schwarz- oder Braunerde, Schotter, Sand, Löß
und Moorböden). Das salzhaltige Wasser hinterläßt Salzrückstände an
den Lackenufern und erlaubt nur salztoleranten Pflanzen, die man sonst
von der Meeresküste her kennt, sich zu entwickeln. Am östlichen Zipfel
des Seewinkels geht die Vegetation in eine Niedermoorgesellschaft mit
spärlichem Moorbirkenbewuchs über.

Die typische Vogelart dieses Gebietes ist die Graugans, die hier noch
in größeren Beständen brütet. Besonders im Herbst sieht man Tausende
von rastenden Wildenten unterschiedlicher Arten. Weiterhin suchen
Wildgänse diesen Rastplatz auf. Dominierende Arten sind die Saatgänse
und die Bläßgänse.

Bedeutende internationale Feuchtgebiete

Im folgenden werden einige ausgewählte internationale Feuchtgebiete
vorgestellt. Die meisten Moore, Auenwälder und Feuchtwiesen sind

typische Landschaftsformen der gemäßigten und subarktischen Zone. In tropischen und subtropischen Gebieten sind sie nicht anzutreffen bzw. werden von anderen Biotopformen wie den tropischen Regenwäldern abgelöst. Daher werden nur wenige Beispiele aus wärmeren Zonen beschrieben.

Die Donauauen

Mit 2850 Kilometer Länge ist die Donau der zweitlängste Strom Europas. Sie entspringt im südlichen Schwarzwald und mündet ins Schwarze Meer, dessen Hauptzufluß sie ist. Die Donau durchfließt 22 Längengrade und viele europäische Staaten: die Bundesrepublik Deutschland, Österreich, die Slowakei, Ungarn, die Staaten des ehemaligen Jugoslawien, Rumänien, Bulgarien und mündet schließlich an der Grenze zu Moldawien. Früher wurde der Flußlauf der Donau von üppigen Auenwäldern gesäumt. Heute sind davon nur noch kümmerliche Fragmente vorhanden.

Deutschland
In Deutschland sind die Donauauen in den Landkreisen Dillingen, Donauwörth und Günzburg in die Liste der international bedeutenden Feuchtgebiete aufgenommen. Sie nehmen eine Fläche von 6000 Hektar ein.

Unterhalb der Illermündung tritt nach einem Märzhochwasser auch im Juni ein sehr hoher Wasserstand in der Donau auf. Die Niederungen in dem zwei bis drei Kilometer breiten Tal werden also auch im Frühsommer mit alpinem Schmelzwasser überflutet. Daher konnten diese Gebiete nicht in Wiesen umgewandelt werden, und die Auenwälder und Altwasser blieben erhalten. Neben den Auenwäldern am Oberrhein sind die Donauauen der letzte große Lebensraum dieser Art in der Bundesrepublik. Zahlreiche gefährdete Tier- und Pflanzenarten finden hier noch ein Rückzugsgebiet.

In den fünfziger Jahren wurde die Donau reguliert und durch Stauwerke in mehrere Staustufen eingeteilt, die mit Kraftwerken verbunden sind. Die so entstandenen Stauseen machten das Gebiet erst für durchziehende und überwinternde Wasservögel attraktiv. In der gesamten Region kann man an manchen Tagen über 10'000 Wasservögel zählen. Am häufigsten rasten hier verschiedene Entenarten.

Als international bedeutendes Feuchtgebiet werden die Donauauen immer im Zusammenhang mit dem etwa 2000 Hektar großen Donaumoos erwähnt. Das eigentliche Ramsar-Gebiet nimmt also insgesamt eine Fläche von 8000 Hektar ein.

Zwischen der Donauaue und der Schwäbischen Alb im Norden liegen inmitten landwirtschaftlicher Nutzflächen Reste des Donaumooses. Ursprünglich befanden sich in diesem Gebiet baumarme Flach- und Zwischenmoore.

Das Schwäbische Donaumoos, auch Donauried genannt, hatte einmal eine Größe von 24'000 Hektar. Es befindet sich auf einer Schotterterrasse im ehemaligen Flußlauf der Donau. Nach der Eiszeit hatte sich das Flußbett vertieft, und die Terrasse wurde nicht mehr überflutet. Hier entwickelte sich ein Durchströmungsmoor, das vorwiegend von den kalkhaltigen Quellen der Schwäbischen Alb genährt wurde. Über die Jahrtausende bildeten Schilf- und Seggenbestände eine bis zu fünf Metern mächtige Torfschicht. Zur Donau hin geht das Moor in Erlen-Eschenwälder über. Bereits im Jahr 1802 war die Kultivierung dieses Moores weitgehend abgeschlossen. Nur im Zentrum findet man in ehemaligen Torfstichen noch Reste einer naturnahen Vegetation.

Etwas weiter flußabwärts befindet sich das einst größte Moor der Donau. Das Bayerische Donaumoos erstreckte sich ursprünglich über 25'000 Hektar. Die Wasserversorgung erfolgt weitgehend über kalkreiche Bächen und Quellen aus dem Westen und Süden. Daher bildeten sich auch hier vorwiegend kalkliebende Moorgesellschaften aus. Seit 1871 wurde das Moor entwässert und besiedelt. Heute hat es seinen Moorcharakter vollständig verloren.

Durch die Zuflüsse konnte sich hier trotz der geringen Niederschlagsmenge eine etwa 1,5 Meter dicke Torfschicht entwickeln. Eine dichte Auenlehmschicht verhinderte das Versickern des Wassers. Fast im gesamten Moor wurde entwässert und Torf gestochen. Die Entwässerungsgräben waren so tief angelegt, daß selbst die undurchlässige Lehmschicht durchstochen wurde. In regenarmen Jahren leidet die ehemalige Moorfläche daher heute unter regelrechten Dürrekatastrophen.

Auch der Kiesabbau und die Aufforstung mit Fichten sind weitere Ursachen für den Verlust der ursprünglichen Niedermoore. Unkontrollierte Freizeitaktivitäten und die Intensivierung der Landwirtschaft steuern gleichfalls zum Lebensraumverlust bei. Trotzdem sind die Brutvogelbestände noch erwähnenswert. Zu den hier brütenden Vögeln zählen Wiesenweihe, Sumpfohreule, Haubentaucher, Wachtelkönig, Bekassine und Großer Brachvogel. Eine Besonderheit ist die relativ große Anzahl an Raubvögeln, die im Donaumoos überwintern. Größere Bestände von Rotmilanen und Kornweihen wurden hier beobachtet.

Österreich, Ungarn, Slowakei

Vor Jahrzehnten schon wurde festgestellt, daß sich die schönsten Auen der Donau in Österreich befinden. Bereits 80 Prozent der österreichischen Donaustrecke wurde jedoch durch eine Kette von Kraftwerksbauten beeinträchtigt, die die Auenbereiche größtenteils zerstörten. Erst ab Wien bis zum ungarischen Györ blieben die Donau und mit ihr die Zuflüsse March und Thaya von Flußbaumaßnahmen verschont. Hier existiert mit etwa 80'000 Hektar der größte mitteleuropäische Auenwaldkomplex. Unter der Bezeichnung «Donau-March-Thaya-Auen» sind die Auenwälder als international bedeutendes Feuchtgebiet im Sinne der Ramsar-Konvention ausgewiesen. Die Donau besitzt in diesem Bereich noch ihren alpin geprägten Charakter, der durch Sommerhochwässer gekennzeichnet ist. March und Thaya führen, von Mittelgebirgen beeinflußt, regelmäßig Frühjahrshochwässer. Die Wasserrückhalteräume sind großflächig angelegt und werden im Frühling mehrere Wochen lang überschwemmt.

Durch die unterschiedlichen Charaktere der Flüsse konnten sich in den Auenbereichen eine unterschiedliche Flora und Fauna entwickeln. Diese enge Nachbarschaft verschieden geprägter Landschaften ist einmalig in Europa und ermöglicht eine immense Artenvielfalt.

Diese naturnahe Landschaft ist gekennzeichnet von großflächigen Weichholzauen, einigen Hartholzauen, Röhrichten, einem Netzwerk von unterschiedlich großen Altarmen, Inseln und Sand- bzw. Schotterbänken und extensiv genutzten Auenwiesen. Hier leben etwa 5000 Tierarten. Allein im österreichischen Gebiet hat man 109 Brutvögel und 46 Fischarten gezählt. Die wichtigsten Brutvögel sind Nacht- und Graureiher, Weiß- und Schwarzstorch, Graugans und Kormoran. Eine Besonderheit sind die Bestände der fast ausgerotteten Europäischen Sumpfschildkröte. Außerdem findet man hier die meisten Eisvögel und die größte Baumkolonie von Weißstörchen in Mittel- und Westeuropa.

Auf der slowakischen Seite gibt es mehrere kleine Naturschutzgebiete sowie ein 7500 Hektar großes Landschaftsschutzgebiet. In Ungarn existiert nur ein Landschaftsschutzgebiet von 9157 Hektar Größe. In Österreich stehen die Donauauen ab Wien nahezu komplett unter Schutz, der allerdings bedingt Eingriffe zuläßt. Von Naturschützern wird die Ausweisung eines grenzüberschreitenden Nationalparks gefordert. Im Gebiet der March-Thaya-Auen bestehen schon fünf Naturschutzgebiete. Die Rabensburger Thaya-Auen sind ein 385 Hektar großes Feucht- und Sumpfwiesengebiet im Überflutungsbereich. Die Angerner und Dürnkruter Marchschlingen umfassen 81 Hektar und werden von Altwässern und Aueninseln geprägt. Das größte dieser Naturschutzgebiete sind die

Unteren Marchauen mit 1166 Hektar. Die 11 Hektar der Salzsteppe Baumgarten/March besitzen eine besondere Bedeutung wegen der salzliebenden Vegetation und werden deshalb auch als Halophytenreservat bezeichnet. Der Kleine Breitensee bezeichnet ein Altwasser mit umliegenden Überschwemmungswiesen und einer Gesamtgröße von 44,5 Hektar.

Trotz der zahlreichen Unterschutzstellungen besteht weiterhin für die Auenbereiche der Donau eine potentielle Gefährdung. Zwei geplante Kraftwerksbauten in Österreich und in Ungarn wurden aufgrund massiver Einwände von Seiten der Bevölkerung eingestellt. Aber weitere Faktoren gefährden diese Lebensräume. Die zunehmende Gewässerbelastung macht den Flüssen und Auen zu schaffen. Durch die Änderung der politischen Lage und durch die Öffnung der Grenzen kann es zur verstärkten Nutzung als Naherholungs- und Touristengebiet kommen, was den Bau neuer Straßen, Gebäude und Industrieanlagen mit sich bringt.

Ehemaliges Jugoslawien, Rumänien, Bulgarien

Im ehemaligen Jugoslawien gibt es insgesamt noch etwa 350'000 Hektar Auenwälder, von denen etwa 250'000 Hektar auf Hartholzauen und der Rest auf Weichholzauen entfällt. Die meisten Auenwälder befinden sich im Einzugsgebiet der Zuflüsse zum Schwarzen Meer, also auch im Mündungsgebiet der Donau.

Von der Einmündung der Drau an weist das rechte Donauufer eine charakteristische steile Form auf und bildet Flußterrassen, die zum Teil mit Auenwäldern bewachsen sind. Ebenso findet man auf den Donauinseln Bestände an Auenwäldern. Wie vielerorts sind auch im ehemaligen Jugoslawien große Bereiche der Auenwälder durch Abholzung und anschließende Umwandlung der Gebiete in landwirtschaftliche Nutzflächen verschwunden. Im unteren Donauraum erstreckt sich das Überschwemmungsgebiet entlang des Stroms bis auf 25 Kilometer Breite. Der größte Flächenanteil liegt mit über einer Million Hektar auf rumänischem Staatsgebiet. Davon entfallen 573'000 Hektar auf ein Auengebiet am linken Donauufer, das heute größtenteils vom Fluß abgeschnitten ist. Am rechten Donauufer auf bulgarischer Seite gab es noch mehrere Abschnitte mit Auenwäldern von insgesamt ursprünglich 80'000 Hektar Fläche.

Durch Hochwasserdämme, mit deren Bau man schon im vorigen Jahrhundert begonnen hat, wurden 435'000 Hektar Auengebiet an der unteren Donau vom Flußlauf getrennt. Diese drastische Veränderung des Wasserrückhalteraumes erhöhte die Hochwassergefahr. Die naturnahen Lebensräume mit ihren Auenwäldern und Sumpfpflanzengesellschaften gingen verloren. Arten- und Individuenzahl auentypischer Pflanzen und Tiere gingen deutlich zurück. Viele der verbliebenen Auenwälder wurden in monotone, schnellwüchsige Pappelkulturen umgewandelt.

Von den echten Auengebieten, die regelmäßig überschwemmt werden, sind nur kleine Reste übriggeblieben. Immer noch werden Auenflächen trockengelegt, um die landwirtschaftlichen Nutzflächen an der Donau zu vergrößern. Gülle- und Pestizideintrag belasten das Wasser. Außer der Trockenlegung gefährdet auch der Schilfabbau für die Zelluloseindustrie die wertvollen Lebensräume zahlreicher Vogelarten, die ihre Brut-, Nahrungs- und Rastplätze verlieren.

Die Everglades in Florida

Eines der berühmtesten Sumpfgebiete der Erde sind die Everglades in Florida. Die Indianer bezeichneten die heutigen Everglades als «Pa-hay-okee», was soviel bedeutet wie grasiges Wasser oder Fluß des Grases. Das englische Wort «glade» bedeutet Sumpfland, und «everglades» kann man einfach mit «Sümpfe» übersetzen.

Die Everglades liegen auf dem 25. und 26. nördlichen Breitengrad und damit direkt vor den Toren der Tropen. Klima und Vegetation dieses Gebietes entsprechen denen der tropischen Zonen. Die Everglades bedecken eine Fläche von 1'440'533 Morgen. Am 6. Dezember 1947 wurden die Everglades zum Nationalpark erklärt und damit zum drittgrößten Nationalpark der Vereinigten Staaten von Amerika.

Die Everglades befinden sich im Innern der Halbinsel Floridas südlich des Okeechobee-Sees. Sie sind Teil eines weiten Gewässernetzes, das sich von der Mitte Floridas bis in den Süden erstreckt. Diese Landschaft entstand erst nach der letzten Eiszeit. Sie gründet auf eiszeitlichen Sand- und Kalkablagerungen. Nach Süden hin ist die Oberfläche leicht geneigt, so daß das Wasser abfließen kann, falls es nicht von der dichten Vegetation aufgehalten wird. Dieses Sumpfgebiet wird von der Landseite aus von dem Wasser des Okeechobee-Sees gespeist. Die Küstenbereiche stehen unter Einfluß von Meerwasser.

Aus dem riesigen Sumpfgebiet erheben sich einzelne Waldinseln. Zum Meer hin werden die Everglades von Mangrovelagunen, Dünen und schmalen Buchten gesäumt. Kennzeichnend für diese Landschaft ist die üppige Vegetation.

Als Mangrove bezeichnet man typische Gehölzformationen, die im Gezeitenbereich der Meere entstehen und zweimal täglich von Salzwasser überflutet werden. Da die Flüsse aus dem Landesinnern in diesem Küstenbereich ins Meer münden, stehen die Mangroven auch unter Süßwassereinfluß. Die Mangrovenpflanzen haben gewisse Anpassungsmechanismen an das Leben im Salzwasser entwickelt. Sie besitzen spezielle Salzdrüsen, die ein Ausscheiden des überflüssigen Salzes durch die Blätter ermöglichen. Weiterhin bilden sie sogenannte Atemwurzeln aus, die der zusätzlichen Sauerstoffversorgung dienen. Die Atemwurzeln besitzen Gewebe, das Luft durchläßt, aber für Wasser undurchlässig ist. Bei hohem Wasserstand sind die Atemwurzeln überflutet und die Pflanze zehrt von dem Sauerstoffvorrat in den Zellzwischenräumen, wobei das entstehende Kohlendioxid ins Wasser abgegeben wird. Fällt der Wasserspiegel, wird der Unterdruck im Gewebe sofort durch den Luftsauerstoff ausgeglichen. Diese Anpassung an das Leben in Überschwemmungszonen ist vergleichbar mit der Methode der einheimischen Sumpfpflanzen, die mit Hilfe des Aerenchyms ihre Sauerstoffversorgung gewährleisten.

Eine weitere charakteristische Pflanzengruppe der Everglades sind die Epiphyten oder Aufsitzerpflanzen. Diese Pflanzen wurzeln nicht im Boden, sondern leben auf anderen Pflanzen, ohne diesen die Nährstoffe zu entziehen, d.h. ohne ihnen zu schaden. Rindenbewohnende Algen, Moose und Flechten gehören dazu. In den tropischen Zonen sind es Orchideen, Farne und Ananasgewächse. Zu letzteren gehören die Tillandsien, die bei uns häufig als Zierpflanzen angeboten werden. Leider entstammen davon die meisten nicht aus Pflanzenfarmen, sondern werden der Natur entnommen und sind deswegen teilweise in ihrem natürlichen Lebensraum schon ernsthaft bedroht. Außerdem finden sie in unseren Wohnungen selten ideale Lebensbedingungen vor und sind meistens zum Eingehen verurteilt. Wie beeindruckend ist es dagegen, wenn man ihr üppiges Wachstum und ihre Fülle von Formen in den Everglades betrachtet. Auch der Geweihfarn gehört zu den Epiphyten. Er siedelt sich auf den Ästen der Bäume an und kann riesige Kolonien bilden. Epiphyten leben nur vom Nährstoffeintrag der Niederschläge. Sie können meist mit allen Organen Wasser aufnehmen.

In den Moorwäldern dominiert die Sumpfzypresse (*Taxodium distichum*). Sie kann sich nur dort entwickeln, wo der Boden wenigstens alle 10 bis 20 Jahre einmal trockenfällt. Vergesellschaftet mit der Sumpfzypresse ist der Tupelobaum (*Nyssa aquatica*). Die Wälder der Everglades ähneln den europäischen Waldmooren des Tertiärs, aus denen die heutigen Braunkohlelagerstätten hervorgingen. In höher gelegenen Bereichen, die von Niederschlagswasser versorgt werden, bildet sich ein Weißzedern-Moorwald.

Obwohl die Everglades touristisch erschlossen sind, scheint der größte Teil dieser Landschaft noch unberührt. Es ist ein Paradies für die unterschiedlichsten Tiergruppen. Die hier vorkommenden Arten von Spinnen, Insekten und anderen Gliedertieren lassen sich kaum zählen. Dem Besucher mag es allerdings, besonders im Sommer, so erscheinen, als würde die ganze Fauna nur aus Mücken bestehen. Mücken sind während ihrer Entwicklung auf flache warme Gewässer angewiesen. Daher finden sie in den tropischen Sümpfen einen optimalen Lebensraum. Sie sind, ob als Larve oder als fertiges Insekt, die Nahrungsgrundlage vieler Fische und Vögel. Andere Vögel ernähren sich hauptsächlich von den zahlreichen Wasserlebewesen.

Viele Reptilien wie Schlangen, Schildkröten und Krokodile leben in den Everglades. Der größte Vertreter ist der Amerikanische Alligator (*Alligator mississippiensis*), der bis zu sechs Meter lang werden kann. Diese Tierart war sehr gefährdet, wurde dann aber unter Schutz gestellt und ist heute in Südflorida wieder häufig anzutreffen. Der Alligator spielt im Ökosystem der Sümpfe eine wichtige Rolle. In den trockenen Wintermonaten gräbt er Löcher in den Sandstein und hält auf diese Weise Süßwasseroasen offen, die auch von anderen Tieren aufgesucht werden, die er natürlich als Beute nicht verschmäht. Trotzdem haben diese Süßwasserreservoire eine lebenswichtige Funktion für viele Tierarten. Im Frühjahr verlassen die Alligatoren und ihre Mitbewohner die Wasserlöcher. Die riesigen Reptilien ernähren sich von Fischen, Fröschen, Schildkröten, Schlangen und kleinen Säugetieren. Sie stehen somit am Ende der Nahrungskette.

In krassem Gegensatz zu den furchteinflößenden Alligatoren stehen die wohl sanftesten Tiere, die man sich vorstellen kann und die auch in den Gewässern der Everglades beheimatet sind: die Seekühe (*Trichechus manatus*). Diese bis zu vier Meter langen Säugetiere sind eng mit den Elefanten verwandt. Ihr Körperbau ist vollständig an das Leben im Wasser angepaßt. Sie besitzen einen walzenförmigen Körper mit zwei zu Flossen umgebildeten Vorderextremitäten und einem Ruderschwanz. Seekühe sind reine Vegetarier und leben daher bevorzugt in den flachen, vegetationsreichen Gewässerzonen. Sie leben sowohl in Süß- als auch in Brack- oder Salzwasser. Diese gutmütigen Tiere sind in ihrem Bestand stark gefährdet. Da sie keine natürlichen Feinde kennen und kein entsprechendes Fluchtverhalten entwickelt haben, war es für die Menschen immer leicht, sie zu fangen. Nur indem man das Töten der Tiere hart bestrafte, konnte man die kümmerlichen Restbestände retten. Heute fallen Seekühe leider immer noch gelegentlich Schiffsschrauben zum Opfer oder werden von ihnen verletzt. Daher sind Motorboote in vielen Gewässern der Everglades verboten. In anderen Gebieten darf man nur mit sehr langsamer Geschwindigkeit fahren.

Trotz seiner scheinbaren Unberührtheit und seiner großen Artenvielfalt ist auch dieses Feuchtgebiet nicht ganz unbedroht. Ein großer Teil des Süßwassers, mit dem die Sümpfe gespeist werden, stammt aus dem Okeechobee-See. Da man diesem Gewässer aber immer mehr Wasser für die Bewässerung landwirtschaftlicher Flächen entnimmt, besteht die Gefahr, daß eine ausreichende Wasserversorgung der Everglades nicht mehr gewährleistet ist.

Die Feuchtgebiete Irlands

In Irland sind die meisten natürlichen Feuchtgebiete wie Moore, Sümpfe, Marschland, Seen, Flüsse und Brackwasserbereiche erhalten. Aus diesem Grund soll hier ein Überblick über die wichtigsten Feuchtbiotope gegeben werden.

Das Klima in Irland ist feucht ozeanisch. Die Lufttemperatur ist über das ganze Jahr recht ausgeglichen. Auf mehr oder weniger nährstoffreichen Böden haben sich verschiedene Feuchtgebiete entwickelt. In Irland soll es so viele Grüntöne in der Natur geben wie nirgends sonst auf der Welt. Nicht umsonst nennt man das Land die «Grüne Insel».

Die irischen Feuchtgebiete beherbergen im Winter über eine Million Wasservögel, darunter die gesamten Brutvorkommen der Hellbäuchigen Ringelgans Grönlands und Kanadas. 60 Prozent der isländischen Singschwäne überwintern ebenfalls hier. 40 Prozent der europäischen Trauerenten brüten in diesen Gebieten, außerdem 20 Prozent der westeuropäischen Wachtelkönige. Da die Gewässer in Irland noch sehr sauber und fischreich sind, trifft man auch den Fischotter noch vielerorts an.

Irland hat im Rahmen der Ramsar-Konvention elf Feuchtgebiete internationaler Bedeutung angemeldet. Auf diesen Flächen sammeln sich regelmäßig über 20'000 Wasservögel. Insgesamt existieren in Irland 61 Feuchtbiotope, die für Wat- und Wasservögel internationale Bedeutung haben, wo aber nicht so riesige Ansammlungen von Vögeln anzutreffen sind. Viele dieser bedeutenden Flächen sind allerdings bedroht. Noch längst nicht alle bedeutenden Feuchtgebiete in Irland stehen unter gesetzlichem Schutz.

Nach Finnland ist Irland das moorreichste Land Europas. Etwa 17 Prozent der Fläche, das entspricht 13'000 Quadratkilometern, waren ursprünglich mit Mooren bedeckt. Ungefähr die Hälfte davon wurde bisher noch nicht ausgebeutet oder abgebaut. Allerdings schreitet der Torfabbau für die Gewinnung von Brennmaterial immer weiter voran.

In Irland gibt es vier verschiedene Moortypen. Die sogenannten «fens» sind basenreiche Niedermoore, die auf verlandeten Gewässern entstehen. Sie gehören zu den Kalkmooren, da sie von kalk- und mineralhaltigem Wasser gespeist werden. Sie haben den geringsten Anteil an irischen Mooren und bedeckten ursprünglich eine Fläche von gut 100'000 Hektar. Durch fortschreitendes Moorwachstum bilden sich auf den Niedermooren die klassischen Hoch- oder Regenmoore, die jegliche Verbindung zum Grundwasser verloren haben. Wasser- und Nährstoffbedarf wird nur durch die Niederschläge gedeckt. Die sauren Regenmoore erstreckten sich früher über 300'000 Hektar. Man findet sie heute vorwiegend in der zentralen Ebene Irlands, wo die Niederschlagsmenge pro Jahr zwischen 750 und 1000 Millimeter beträgt.

Die größte Fläche nehmen die für Irland typischen Deckenmoore ein, die ursprünglich insgesamt eine Ausdehnung von etwa 900'000 Hektar hatten. Auch sie zählen zu den Regenmooren. Sie bilden nur eine relativ geringe Torfschicht aus, bedecken aber dafür große Bereiche. Man unterscheidet die atlantischen von den Berg-Deckenmooren. Die atlantischen Deckenmoore (circa 330'000 Hektar) kommen nur in Höhenlagen unter 200 Meter im westlichen Teil Irlands vor. Der Rest ist in den bergigen Gegenden über 200 Meter Höhe auf der gesamten Insel zu finden.

Schon seit jeher wurde in Irland Torf zur Gewinnung von Brennmaterial abgebaut. Manche Moorflächen dienten auch als – allerdings minderwertiges – Weideland. In jüngerer Zeit nahm der Abbau von Torf zu. Außerdem trugen Aufforstung und Überbeweidung durch Schafe zur Schädigung der Moorgebiete bei. Deswegen befürchtete man, daß ohne entsprechende Schutzmaßnahmen in absehbarer Zeit alle noch vorhandenen Moorflächen zerstört würden. Die klassischen Hochmoore wären bis in die neunziger Jahre verschwunden; den Deckenmooren wurde eine Überlebenszeit von maximal 100 Jahren gegeben.

Alarmiert durch diese Prognosen begann man schleunigst, einen Aktionsplan für die Unterschutzstellung von Mooren auszuarbeiten und zumindest Teile davon möglichst schnell durchzuführen. So war beispielsweise im Jahre 1983 nicht ein klassisches Hochmoore geschützt. Im Jahre 1991 standen bereits insgesamt 17'107 Hektar Moorflächen unter Schutz, die sich auf 42 Einzelgebiete verteilen. Davon die kleinste Fläche nehmen die basenreichen Niedermoore ein, von denen nur fünf Gebiete mit 219 Hektar geschützt sind. Auf die klassischen Hochmoore entfallen 2153 Hektar in 14 Einzelflächen. Den größten Anteil haben 23 Deckenmoore mit 14'735 Hektar. Weitere Unterschutzstellungen für verschiedene Gebiete sind vorgesehen. Ein bedeutender Nationalpark mit ausgedehnten Moorflächen ist Glenveagh mit einer Größe von 10'000 Hektar.

Die Regierung von Irland strebt an, insgesamt 10'000 Hektar Hochmoore und 40'000 Hektar Deckenmoore unter Schutz zu stellen. Diese

Flächengröße scheint ausreichend zu sein, um den Erhalt der für Irland so typischen Moore zu sichern.

Neben Gewässern, Mooren und Feuchtwiesen gibt es in Irland einen ganz speziellen Typ von Feuchtgebieten, die Turloughs. Eine deutsche Übersetzung gibt es für diesen Begriff nicht. Das Wort stammt von dem irischen «tur loch» ab und bedeutet «ausgetrockneter See». Diese Art von Feuchtbiotop ist charakteristisch für Irland und im restlichen Europa kaum zu finden.

Turloughs sind Seen, in denen meistens nur im Winter Wasser steht und die im Sommer austrocknen. Sie besitzen also eine ähnliche Dynamik wie die Auengebiete: Auf Überschwemmung folgt eine länger andauernde Trockenheit.

Die meisten Turloughs füllen sich im Oktober mit Wasser; zwischen April und Juli trocknen sie dann aus. Es gibt aber Turloughs, die das ganze Jahr über nach schweren Regenfällen überflutet werden, um nach einigen Tage wieder auszutrocknen. Die durchschnittliche Wassertiefe beträgt zwei Meter, kann aber in manchen Fällen im Winter bis auf fünf Meter ansteigen. Die flächenmäßige Ausdehnung ist sehr unterschiedlich. Der größte Turlough mit dem Namen Rahasane bedeckt eine Fläche von 250 Hektar.

Wegen des ständigen Wechsels zwischen vollständiger Überflutung und absoluter Trockenheit hat sich in den Turloughs eine charakteristische Pflanzen- und Tierwelt entwickelt, die in der Lage ist, die jeweils ungünstige Zeit von Trockenheit bzw. Überflutung zu überstehen. Turloughs sind von großem Interesse sowohl für Geologen und Hydrologen als auch für Zoologen und Botaniker.

Turloughs kommen nur in Kalksteingebieten vor. Kalkstein wird durch Regenwasser gelöst, insbesondere wenn das Niederschlagswasser leicht angesäuert ist. Dadurch wird der Kalkstein verformt und ausgehöhlt, und es bilden sich mehr oder weniger große Risse, durch die das Regenwasser ablaufen kann. Die Verformung von Kalkstein durch Oberflächenwasser nennt man Karstbildung. Das versickerte Regenwasser sammelt sich in Grundwasserströmen und tritt an anderen Stellen als Quelle nach außen. Im Winter, wenn sich der Grundwasserpegel hebt und die unterirdischen Ströme das anfallende Wasser nicht vollständig abtransportieren können, sammelt es sich in den Kalksteinsenken und bildet die Turloughs. Manche dieser Senken besitzen getrennte Zu- und Abläufe für das Wasser. In den meisten Turloughs gibt es dafür aber nur eine Öffnung. Wenn das Wasser das Kalkgestein passiert hat, ist es mit Kalziumkarbonat (Kalk) angereichert. Solange das Wasser auf der Oberfläche steht, gibt es Kohlendioxid an die Atmosphäre und an die Pflanzen ab, die es zur Photosynthese benötigen. Dadurch wird das Wasser weniger sauer und gibt den zuvor gebundenen Kalk wieder ab. Das erkennt man, wenn die Senke wieder trocken ist, an den weißlichen Ablagerungen auf denjenigen Pflanzen, die vorher mit Wasser bedeckt waren.

Turloughs weisen eine typische Zonierung auf. Am Boden der Senke befindet sich eine Schicht aus weißem Mergel, eine Kalkverbindung, die abgelagert wurde, als die Turloughs noch das ganze Jahr über unter Wasser standen. Auf dem Mergel liegt eine Torfschicht aus unvollständig zersetzten Sumpfpflanzen. Daran schließt sich eine Zone aus Schilf und Riedgräsern an. In der nassen Zone nahe der Abflußöffnung wachsen Arten wie Minze, Wasserhahnenfuß, Brunnenkresse, Laichkraut und Knöterich. Die Abflußöffnung selber erkennt man meistens an moosüberzogenen Steinen. Weiter oberhalb wachsen verschiedene Veilchen- und Ehrenpreisarten sowie Orchideen.

Auch für Tiere sind die Turloughs wertvolle Lebensräume. Im Frühjahr dienen sie Fröschen und Molchen als Laichgewässer. Sogar einige Fische können in den größeren Turloughs überleben. Im Sommer ziehen sie sich in Spalten im Kalkstein zurück, die auch bei Trockenheit mit Wasser gefüllt sind. Ähnlich überdauern kleine Krebstiere wie Wasserflöhe die heiße Jahreszeit. Plattwürmer und Schnecken können in den sumpfigen Zonen überleben. Im Winter sind die Turloughs beliebte Rastplätze von Gänsen, Enten und Schwänen sowie zahlreichen Watvögeln; im Sommer suchen hier viele Singvögel ihre Brutplätze und Nahrung.

Da diese Feuchtgebiete fast das ganze Jahr über unter Wasser stehen, sind sie kaum landwirtschaftlich nutzbar. Im Sommer bieten sie Weideland für Rinder, Schafe und Pferde. Viele Landwirte haben die Turloughs, ähnlich wie es bei uns mit den Feuchtwiesen geschehen ist, künstlich entwässert, um sie das ganze Jahr über bewirtschaften zu können. Aus diesem Grund sind schon etwa ein Drittel aller Turloughs aus der irischen Landschaft verschwunden, und die Umgestaltung setzt sich fort. Daher ist es notwendig, auch diese für Irland charakteristischen Feuchtbiotope wie die Moore unter Schutz zu stellen, damit ein äußerst eigentümlicher Lebensraum und die an ihn angepaßte Flora und Fauna überleben kann.

Der Pantanal

Der Pantanal ist das größte zusammenhängende Binnenland-Feuchgebiet der Erde. Diese Ebene dehnt sich auf einer Fläche von ungefähr 200'000 Quadratkilometern aus und liegt im Zentrum von Südamerika im Dreiländereck von Brasilien, Bolivien und Paraguay. Im Westen liegen die Anden, im Nordosten begrenzt ein Hochplateau das Gebiet, von dem zahlreiche Flüsse zum Rio Paraguay fließen.

Das Tiefland des Pantanals liegt nur etwa 100 Meter über dem Meeresspiegel. Der Rio Paraguay und seine Nebenflüsse durchströmen diese Niederung. Das Gefälle ist hier sehr gering, so daß während der Regenzeit das Wasser nur langsam abfließt.

Die Hauptregenzeit liegt zwischen Dezember und April. Durch die ergiebigen Niederschläge treten die mäandrierend verlaufenden Flüsse über ihre Ufer und verwandeln den Pantanal in eine riesige Seenlandschaft. Mit dem Hochwasser gelangen auch Sedimente und Nährstoffe in die Niederung und ermöglichen, ähnlich wie in unseren Auenwäldern, ein üppiges Pflanzenwachstum. Beidseitig der Flußläufe existieren auenwaldähnliche Vegetationsgesellschaften, die Dammuferwälder. Dahinter erstreckt sich eine Feuchtsavanne. Als Savanne wird das Grasland der Tropen und Subtropen mit locker stehenden, meist niederwüchsigen Gehölzen bezeichnet. In Feuchtsavannen ist die Vegetation durch die regelmäßigen Überschwemmungen bestimmt.

Während der Trockenzeit, die ihren Höhepunkt im September hat, bleiben von den riesigen Wassermassen nur kleine Seen und Teiche übrig, die von vielen Tieren aufgesucht werden. Die Savanne fällt in dieser Zeit völlig trocken. Nicht nur im zeitlichen Ablauf, sondern auch geographisch bietet der Pantanal eine Vielfalt nebeneinander existierender Lebensräume. Die Hochflächen und die Landinseln ragen auch bei Hochwasser aus der Wasserfläche heraus und bilden so Rückzugsgebiete für Tiere, die im Wasser nicht überleben können. Immergrüne Wälder wechseln ab mit Trockenwäldern und Grassteppen. Im Norden ist die Landschaft von zahlreichen kleinen und großen Seen geprägt; im Süden findet man sogar Salzwasserlagunen. Diese sind von natürlichen Wällen umgeben, so daß sie weder einen Zulauf noch einen Ablauf besitzen. Selbst bei Hochwasser bleiben diese Lagunen isoliert. Die Niederschläge lösen das im Boden enthaltene Salz. Verdunstet das Wasser, erhöht sich die Salzkonzentration, und das Salz lagert sich ab.

So vielfältig das Landschaftsmosaik des Pantanals ist, so artenreich ist auch seine Tier- und Pflanzenwelt. Leider hat gerade die Fauna des Pantanals traurige Berühmtheit erlangt, weil einige der dort lebenden Tierarten gnadenlos verfolgt werden.

Besonders Vögel, die an das Wasser gebunden sind, finden in diesem Gebiet geeignete Lebensräume. Sobald das Wasser zu Beginn der Trockenzeit abfließt, sammeln sich Scharen von verschiedenen Reihern und Störchen an den Wasserstellen, um alle die Wassertiere zu erbeuten, die es verpaßten, mit den Wassermassen in die Flüsse zurückzuschwimmen. Dann wimmelt es hier von Fischen und anderem kleinem Getier. Überwiegend in den Waldgebieten leben die Aras. Diese Papageien werden noch immer für den Verkauf an den Zoohandel gefangen und sind in ihrem Bestand bedroht.

Die Säugetiere des Pantanals sind gut an das Leben im und am Wasser angepaßt. Wasserschweine und Tapire sind gute Schwimmer. Sogar den Rindern, die die Einheimischen im Pantanal weiden lassen, macht es nichts aus, bis zum Bauch im Wasser zu stehen. Auch unter den Säugetieren gibt es Arten, die illegal verfolgt werden. Das gefleckte Fell des Ozelots ist immer noch begehrt und erzielt gute Preise auf den Märkten der Industrieländer.

Typisch für diesen amphibischen Lebensraum sind jedoch die Reptilien, insbesondere die Kaimane. Der Brillenkaiman ist eine Krokodilart, die im Pantanal von Wilderern zu Tausenden abgeschlachtet wird. Die wertvolle Haut an den Körperseiten wird an die Reptilleder-Industrie verkauft. Neben den Kaimanen leben in diesem Feuchtgebiet Leguane, Riesenschlangen wie die Anakonda, die es sogar mit einem Kaiman aufnimmt, und andere Echsen.

Der Pantanal wird aber nicht nur durch die Verfolgung einzelner Arten ausgebeutet, sondern ist auch in seiner Gesamtheit bedroht. Vor etwa 200 Jahren besiedelten Spanier und Portugiesen erstmalig dieses Gebiet. Bis vor wenigen Jahrzehnten betrieben die Menschen eine extensive Weidewirtschaft. Die Errungenschaften der modernen Landwirtschaft führen nun zu erhöhter Erosion und Einträgen von Agrarchemikalien in das Wasser. Mit Dämmen wird versucht, große Flächen trockenzulegen. Im Norden des Pantanals ist der Boden goldhaltig. Die Goldwäschereien spülen riesige Mengen an Sand und Schlamm in die Flüsse und vergiften sie zusätzlich mit Quecksilber, das beim Goldwaschen benötigt wird. Der Sedimenteintrag in die Gewässer wird zusätzlich durch die großflächigen Abholzungen im Hochland verstärkt: In der Regenzeit schwemmen die Flüsse Unmengen an Sediment in die Pantanal-Niederung, wo sie sich ablagern. Auf diese Weise ersticken wertvolle Lebensräume buchstäblich im Schlamm.

Unteres Odertal

Über eine weite Strecke stellt der Flußlauf der Oder die Grenze zwischen Deutschland und Polen dar. In der Gegend um Schwedt im Bundesland Brandenburg wurde ein 5400 Hektar großes Gebiet, das Untere Odertal, als Feuchtgebiet internationaler Bedeutung ausgewiesen. Die Ramsar-

Fläche umfaßt allerdings nur den Auenbereich der Oder auf der deutschen Seite.

Durch den deutsch-polnischen Staatsvertrag und die gegenseitigen Absichtserklärungen, die Oder zu einem ökologisch intakten Grenzfluß zu entwickeln, sind die Voraussetzungen für ein gemeinsames Naturschutzprojekt gegeben. Auch auf polnischer Seite wird das Naturschutzengagement immer stärker. Geplant ist nun ein deutsch-polnischer Nationalpark, der die Stromaue beiderseits der Oder umfassen soll. Das in Frage kommende Gebiet liegt zwischen Stettin und Cedynia/Hohensaaten und erstreckt sich über eine Länge von etwa 60 Kilometer und eine Breite von rund 2,5 Kilometer. Die Fläche beträgt ungefähr 13'000 Hektar. Das Kernstück des künftigen Nationalparks befindet sich zwischen den beiden Flußarmen der Oder auf polnischer Seite. Seit 1945 ist dieses Gebiet vollständig der Natur überlassen. Die Oder ist hier nicht in ein künstliches Flußbett gezwungen, und auch sonst wurden keine wasserbaulichen Maßnahmen durchgeführt. Daher findet hier noch eine Verlagerung der einzelnen Flußarme statt. In den Senken bilden sich Sümpfe und Torfmoore.

Der südliche Teil des geplanten Nationalparks ist das Überschwemmungsgebiet mit einer natürlichen Struktur von Wiesen und Altwässern. Bis 1989 wurden diese Flächen recht intensiv landwirtschaftlich genutzt.

Das gesamte Gebiet zeichnet sich durch eine Vielzahl an verschiedenen Lebensräumen aus. Man findet Nieder- und Quellmoore, Erlen-Bruchwälder und Auenwälder sowie feuchte Laubwälder. An den höher gelegenen Stellen haben sich wertvolle Trockenrasenbiotope gebildet.

Auf engstem Raum weist das Untere Odertal eine Standortvielfalt auf, die in kaum einer anderen europäischen Stromlandschaft zu finden ist. Je abwechslungsreicher die Lebensräume gestaltet sind, desto artenreicher ist selbstverständlich die Tier- und Pflanzenwelt. Das Untere Odertal ist eines der wichtigsten Frühjahrsrastgebiete von Wat- und Wasservögeln im Binnenland. Bis zu 100'000 Enten und Gänse rasten hier gleichzeitig. Über 100 Brutvogelarten wurden gezählt, von denen 25 gefährdet und daher besonders geschützt sind. Schwarzstörche, Seeadler und Kraniche kommen hierher zu Nahrungssuche. Auch balzende Kampfläufer prägen das Bild dieses wertvollen Lebensraumes. Sogar Biber und Fischotter haben hier überlebt und finden noch artgerechte Lebensbedingungen. Allein diese Tatsache sollte schon Grund genug sein, das Untere Odertal ohne Einschränkungen zu schützen. Im Hinblick auf das Vereinte Europa wäre die Gründung eines Nationalparks Unteres Odertal ein erster Schritt zu einem grenzüberschreitenden Naturschutz.

Store Mosse in Schweden

Die moorreichsten Länder Europas sind Finnland, Irland, Schweden und Norwegen. Der prozentuale Anteil ursprünglicher Moore an der Gesamtfläche des Landes beträgt in Finnland 32 Prozent, in Irland 17 Prozent, in Schweden 14,5 Prozent und in Norwegen 9,2 Prozent. Viele Moore fielen hier überall der Forstwirtschaft zum Opfer. Die Flächen wurden trockengelegt, aufgeforstet und für die Holzwirtschaft genutzt. Auch heute noch sind große Gebiete für diese Umgestaltung vorgesehen.

Allerdings gibt es auch zahlreiche Naturschutzgebiete und Nationalparks, in denen die Moore erhalten bleiben. In Schweden befindet sich das größte geschützte Moorgebiet von etwa 22'000 Hektar Größe im Muddus-Nationalpark im nördlichen Lappland. Hier gibt es 19 Einzelmoore.

Erst im Jahr 1982 wurde das Store Mosse, das größte Moorgebiet Südschwedens, zum Nationalpark erklärt. Dieses Gebiet soll hier stellvertretend für die skandinavischen Moore näher beschrieben werden.

Der Nationalpark Store Mosse umfaßt 7740 Hektar. Er befindet sich südlich des Vätter-Sees unweit der Stadt Värnamo. Die Bahnlinie nach Göteborg führt durch den Park, so daß man ihn bequem mit der Bahn erreichen kann. Das Store Mosse ist durch Wanderwege erschlossen und besitzt mehrere Vogelbeobachtungstürme.

Store Mosse heißt «großes Moor». Seine Entstehungsgeschichte beginnt in der Eiszeit. Das Schmelzwasser der eiszeitlichen Gletscher bildete den See Fornbolmen, der das ganze Gebiet bedeckte. Vor etwa 8000 Jahren trocknete der See aus und der sandige Untergrund wurde freigelegt. Mit dem zunehmend feuchteren Klima versumpften große Flächen. Zunächst setzte eine Niedermoorbildung ein. Die abgestorbenen und wegen Sauerstoffmangel nur teilweise zersetzten Pflanzenreste bildeten eine Torfschicht, die allmählich über die Wasseroberfläche hinauswuchs. Die Verbindung zum Grundwasser ging verloren. Da in dem südschwedischen Hochland ein kühles, niederschlagsreiches Klima herrscht, konnte sich ein von Regenwasser gespeistes Hochmoor mit Torfmoosen bilden. Seit etwa 5000 Jahren wächst diese Torfschicht, die eine Mächtigkeit von fünf bis sieben Metern besitzt. Bei den meisten im Store Mosse liegenden Mooren handelt es sich um Hochmoore.

In dem Gebiet des heutigen Nationalparks befanden sich ursprünglich drei Seen, deren Wasserspiegel im letzten Jahrhundert gesenkt wurden, um Wiesen und Weideland zu erhalten. Die beiden kleineren Seen liegen den größten Teil des Jahres über trocken. Nur noch zu Hochwasserzeiten sammelt sich in ihnen Wasser. Bis zu Beginn dieses Jahrhunderts wurden die durch die Absenkung entstandenen Flächen bewirtschaftet; heute findet man an diesen Stellen Sümpfe und Schwingrasen. Der Wasserpegel des noch vorhandenen dritten Sees lag vor 1840 etwa ein Meter höher. Durch die Bewirtschaftung der feuchten Wiesen um den See entstanden wertvolle Brutbiotope. Hier brüten unter anderem Kraniche, Singschwäne, Tafelenten und Tüpfelsumpfhühner. Es lassen sich zahlreiche Watvogel-, Enten- und auch Gänsearten beobachten. Nachdem man die Nutzung aufgegeben hatte, drohten diese Flächen zu verbuschen, und die Lebensbedingungen für die Vögel verschlechterten sich. Durch entsprechende Pflegemaßnahmen versucht man heute, diese Biotope erhalten.

Neben den mehr oder weniger verlandeten Seen prägen trockene Dünen und eiszeitliche, zum Teil bewaldete Moränenwälle, Hoch- und Niedermoore sowie verschiedene Feuchtwiesentypen das Landschaftsbild des Store Mosse. Zu den typischen Pflanzen des Nationalparks gehören Knabenkräuter und andere Orchideen, Seggenarten, Fieberklee, Sumpfblutauge und Verschiedenblättrige Kratzdistel.

Schlußbetrachtung

Eigentlich sollte am Ende dieses Buches eine Zukunftsprognose abgegeben werden. Eine solche Prognose kann auf zweierlei Weise ausfallen: Pessimisten würden behaupten, unsere Feuchtgebiete und damit auch unsere ganze Natur seien nicht mehr zu retten und wir könnten uns auf einen apokalyptischen Untergang der gesamten Umwelt einstellen. Die Optimisten, die sich auch durch noch so düstere Aussichten nicht beirren lassen, würden die wenigen Beispiele von bewahrten und regenerierten Naturräumen als Zeichen dafür sehen, daß doch eigentlich alles in Ordnung ist.

Ich möchte mich keiner dieser beiden Meinungen anschließen. Realistisch betrachtet müssen wir zugeben, daß der größte Teil naturnaher, wertvoller Lebensräume, speziell der hier vorgestellten Feuchtgebiete, vom Menschen zerstört oder beeinträchtigt wurde. Nur ein geringer Prozentsatz ist bisher erhalten geblieben, sei es, weil das Gebiet sehr ungünstig lag oder weil eine Umwandlung des Feuchtgebietes zur Nutzfläche mit unverhältnismäßig großem Aufwand verbunden ist.

Glücklicherweise hat gerade in den letzten zehn Jahren ein Umdenken auf Seiten der Bevölkerung und auch der maßgebenden Politiker stattgefunden. Privatinitiativen und Naturschutzorganisationen setzen sich für den Erhalt wertvoller Lebensräume ein. Länder und Gemeinden reagieren auf diesen Druck mit Unterschutzstellungen und Novellierungen der Naturschutzgesetze. Allerdings gestattet der gesetzliche Schutz noch immer zuviele Maßnahmen, die zu einer Störung der gefährdeten Gebiete führen. Dies zeigt sich darin, daß der Artenschwund auch in geschützten Lebensräumen weiter vorangeht. Die Bewahrung einer kleinen Fläche nützt eben nichts, wenn das gesamte Umfeld beeinträchtigt ist. «Biotopverbundnetz» ist das Zauberwort, das langfristig eine Sicherung der bedrohten Fauna und Flora ermöglicht.

Der Anfang ist bereits gemacht. Die Erkenntnis über die Notwendigkeit von Schutz- und Pflegemaßnahmen ist gewonnen. Jetzt heißt es nur noch, alle Beteiligten, insbesondere Industrie und Landwirtschaft, für den Erhalt unser letzten naturnahen Refugien zu gewinnen. Jeder kann dabei mithelfen. In Gesprächen zu Hause und am

Arbeitsplatz sowie durch eigenes naturverträgliches Handeln sind wir in der Lage, zur Bewahrung unserer Feuchtgebiete beizutragen. Wer das Buch aufmerksam durchgelesen hat, wird viele Ansatzpunkte dafür gefunden haben.

Literatur

Akademie für Naturschutz und Landschaftspflege: Erhaltung und Entwicklung von Flußauen in Europa. Laufener Seminarbeiträge 4 (1991).

Barth, W.-E.: Denkanstöße zum Schutz und zur Pflege von Feuchtgebieten. Allg. Forst Z. (München), 36, Nr. 17, S. 407 (1981).

Ebd.: Praktischer Umwelt- und Naturschutz. Paul Parey, Hamburg 1987.

Bayerisches Landesamt für Umweltschutz: Beiträge zum Artenschutz, Naturschutz in Feuchtgebieten (I). Heft 95, München 1989.

Bayerisches Staatsministerium für Landesentwicklung und Umweltfragen: Feuchtgebiete. München 1989.

Ebd.: Arten- und Biotopschutzprogramm. München 1988.

Biologische Station «Rieselfelder Münster» (Hrsg.): Die Rieselfelder Münster. Münster 1981.

Bundesministerium der Verteidigung (Hrsg.): Naturschutz auf Übungsplätzen der Bundeswehr. Bonn 1987.

Böhr, H.-J.: Feuchtgebiete als Lebensstätten bestandesgefährdeter Pflanzen- und Tierarten. Allg. Forst Z. (München) 36, Nr. 17, S. 392–398 (1981).

Brohmer, P.: Fauna von Deutschland. Quelle & Meyer, Heidelberg 1977.

Büro des Ramsar-Übereinkommens (Hrsg.): Das Ramsar-Übereinkommen u.a. Informationsmaterial, 1993.

Bund (Hrsg.): Die Diepholzer Moorniederung. Informationsschrift BUNDprojekte.

Bund (Hrsg.): Nationalpark Elbtalaue. Informationsschrift BUNDprojekte.

Deutscher Bund für Vogelschutz: Naturschutz heute. Zeitschrift des Deutschen Bundes für Vogelschutz. Jahrgang 1986–1990.

Dierssen, K.: Regeneration von Hochmooren – Zielsetzung, Möglichkeiten, Erfahrungen. Natur und Landschaft 56 (2), S. 48–50 (1981).

Dietl, W.: Die landschaftsökologische Bedeutung der Flachmoore. Beispiel: Davallseggenrieder. Jahrb. Ver. zum Schutz der Alpenpflanzen und -tiere 40 (1975).

Directory of Wetlands of International Importance: Switzerland.

Dister, E.: Auen – Die Vorratsspeicher der Flüsse. WWF-Journal 2, S. 10–11 (1991).

Doyle, J.: Progress and problems in the conservation for Irish peatlands, 1983 to 1991. In: Environmental Development in Ireland, Dublin 1992.

Egloff, T.: Gefährdet wirklich der Stickstoff (aus der Luft) die letzten Streuwiesen? Natur und Landschaft 62 (11), S. 476–478 (1987).

Ellenberg, H.: Vegetation Mitteleuropas mit den Alpen. Verlag Eugen Ulmer, Stuttgart 1982.

Environmental Information Service: Merkblätter: Irish Peatlands, Wetlands in Ireland, Irish Raised Bogs, Turloughs. Dublin 1990/91.

Feldmann, R.: Fauna und Flora der Feuchtgebiete. Allg. Forst Z. (München) 36, Nr. 17, S. 399–400 (1981).

Foss, P.J. (Hrsg.): Irish peatlands, the critical decade. Irish peatland conservation council, 1990.

Günzl, H.: Das Naturschutzgebiet Federsee. Führer durch Natur- und Landschaftsschutzgebiete Baden-Württembergs, Karlsruhe 1983.

Haarmann, K.: Kritisches zu Berichten über die Renaturierung von Hochmoorgebieten. TELMA 6, S. 245–249 (1976).

Ebd.: Erster Bericht über den Zustand der Feuchtgebiete internationaler Bedeutung in der Bundesrepublik Deutschland. Biol. Abhandlungen 36 (1978).

Haarmann, K. und P. Pretscher: Die Feuchtgebiete internationaler Bedeutung in der Bundesrepublik Deutschland. Kilda-Verlag, Greven 1981.

Harengerd, M.: Die Ramsar-Konvention. Ber. Dt. Sektion. Int. Rates f. Vogelschutz 29, S. 87–99 (1990).

Heckenroth, H.: Die Bedeutung von Mooren auch nach der Abtorfung als Brutbiotop gefährdeter Vogelarten. TELMA 5, S. 241–250 (1975).

Henrich, H.-J.: Das Feuchtwiesenschutzprogramm im Regierungsbezirk Münster.

Herder: Lexikon der Biologie in acht Bänden. Freiburg 1983.

Hohenberger, E.: Feuchtgebiete. Otto Maier Verlag, Ravensburg 1989.

Hutter, C.-P. und G. Thielcke: Natur ohne Grenzen. Edition Weitbrecht.

Kaule, G.: Voraussetzungen und Maßnahmen zur Erhaltung geschützter und schützenswerter Moore. TELMA 6, S. 211–217 (1976).

Ebd.: Arten- und Biotopschutz. UTB, Stuttgart 1986.

Kloft, W.: Ökologie der Tiere. UTB, Stuttgart 1978.

Landesanstalt für Ökologie, Landschaftsentwicklung und Forstplanung Nordrhein-Westfalen: Naturschutz praktisch. Merkblätter zum Arten- und Biotopschutz.

Laux, H. E. und R. Keller: Unsere Orchideen. WVG Stuttgart 1984.

Landesbund für Vogelschutz: Perspektiven der Renaturierung eines Maisackers im Brucker Moor / Landkreis Ebersberg. München 1991.

Löhmer, R. und F. Niemeyer: Feuchtgebiet internationaler Bedeutung

«Diepholzer Moorniederung»: eine 10-Jahres-Bilanz. Natur und Landschaft 62, Nr. 7/8, S. 279–284 (1987).

Lötsch, B.: Donauauen – Strom-Tod auf dem elektrischen Stuhl. natur 7, S. 55–67 (1981).

Maywald, A.: Naturoasen in Deutschland. Otto Maier Verlag, Ravensburg.

Mücke, G.: Das Moor neu entdecken. Landbuch-Verlag, Hannover 1989.

Müller, K.: Zum Schutz von Hochmoorlandschaften und ihrer Gewässer im nordwestdeutschen Flachland. TELMA 5, S. 251–261 (1975).

Müller, P.: Biogeographie. UTB, Stuttgart 1980.

Murfin, J.: Animals of the National Parks of America. New York 1985.

Minister für Umwelt, Raumordnung und Landwirtschaft des Landes Nordrhein-Westfalen: Feuchtgebiete von internationaler Bedeutung in Nordrhein-Westfalen. Düsseldorf 1987.

Ebd.: Gewässerschutz in Nordrhein-Westfalen. Düsseldorf 1989.

Ebd.: Das Feuchtwiesen-Schutzprogramm Nordrhein-Westfalen. Düsseldorf 1989.

Ebd.: Schutz der Feuchtgebiete von internationaler Bedeutung in Nordrhein-Westfalen. Fachtagungsbericht, Düsseldorf 1988.

Nachtigall, W.: Lebensräume. BLV Intensivführer, München 1986.

Natur: Vom Lebens-Wandel der Lebensräume. dtv, München 1986.

Neuschutz, F. und H. Wilkens: Die Elbtalniederung – Konzept für einen Nationalpark. Natur und Landschaft 66, Nr. 10, S. 481–485 (1991).

Novak, I. und F. Severa: Der Kosmos-Schmetterlingsführer. Stuttgart 1985.

Odum, E.P.: Grundlagen der Ökologie in zwei Bänden. Thieme, Stuttgart 1980.

Politische Ökologie: Ökologische Bausteine für unser gemeinsames Haus Europa. Sonderheft 2, 1990.

Reichholf, J.: Feuchtgebiete. Mosaik Verlag, München 1988.

Riederer, M.: Überleben in Mondlandschaft und Panzertümpel. Nationalpark, 54, S. 17–21 (1987).

rororo-Pflanzenlexikon in fünf Bänden. Rowohlt, Reinbek 1977.

Schauer, T. und C. Caspari: Pflanzenführer. BLV Bestimmungsbuch, München 1978.

Schmeil-Fitschen: Flora von Deutschland. Quelle & Meyer, Heidelberg 1976.

Schwedisches Staatliches Amt für Umweltschutz: Store Mosse, 1984.

Schuster, G. und T. Stephan: Federsee – Grün im Gesicht. natur 12, S. 65–73 (1981).

Seidel, D. und W. Eisenreich: Foto-Pflanzenführer. BLV Bestimmungsbuch, München 1985.

Succow, M. und L. Jeschke: Moore in der Landschaft. Urania-Verlag, Leipzig 1990.

Tischler, W.: Einführung in die Ökologie. Gustav Fischer Verlag, Stuttgart 1984.

Urania Pflanzenreich in vier Bänden. Leipzig 1991.

Urania Tierreich in sechs Bänden. Leipzig 1991.

Vogt, H.-H.: Körperbemalung bei Moorleichen. Naturwiss. Rundschau 44, Heft 7, S. 280 (1991).

Wendelberger, E.: Pflanzen der Feuchtgebiete. BLV Intensivführer, München 1986.

Wingert, E.: Diepholzer Moor – Abgefräst und eingetopft. natur 3, S. 46–53 (1982).

Wirth, H.: Naturschutzgebiete in Europa. Verlag Dausien 1979.

World Wildlife Fund: WWF Aktuell. 5. Jahrgang Nr. 2 und 3 (1989); 7. Jahrgang Nr. 2 (1991).

Ebd.: WWF Journal. Nr. 1 (1989) und Nr. 4 (1990).

WWF Österreich: Die österreichischen Ramsar-Gebiete. Direkte Mitteilung.

WWF Schweiz: Steckbrief der Schweizer Ramsar-Objekte. Direkte Mitteilung.

Feuchtgebiete: Definition und Kriterien. Natur und Landschaft, 48 (10), S. 291 (1973).

Die Ramsar-Konvention. Naturschutz heute 1, S. 20–21 (1991).

Übereinkommen über Feuchtgebiete, insbesondere als Lebensraum für Wasser- und Watvögel, von internationaler Bedeutung. Ramsar 1971, geändert am 28.5.1987.

Contracting Parties to the Ramsar Convention Stand 30.5.1991.

Feuchtgebiete internationaler Bedeutung für Wat- und Wasservögel in der Bundesrepublik Deutschland. Stand 1.1.1991.

Register

Ein faszinierendes Buch über die Vielfalt der Bewegungen bei Pflanzen. Verständlich geschrieben und mit einer Reihe von einfach auszuführenden Experimenten.

In unseren Gärten gibt es Lebewesen, die keine Tiere sind, sich aber dennoch bewegen. Sie haben keine richtigen Muskeln, und dennoch bewegt sich der Inhalt ihrer Zellen mit Hilfe von Muskelproteinen. Sie haben keine Nerven, und dennoch leiten sie elektrische Signale weiter. Sie haben kein Gehirn, und dennoch können sie schmecken, sehen und fühlen. Einige fangen sich ihre Beute und leben von Fleisch: Pflanzen!

In vielen ihrer Namen deutet sich das Bewegungsphänomen bereits an: Springkraut, Spritzgurke etc. Und nicht zu vergessen die fleischfressende Venusfliegenfalle und die empfindliche Mimose. *Pflanzen in Bewegung* ist jedoch nicht einfach eine Aufzählung dieser außergewöhnlichen Phänomene. Der Autor macht vielmehr deutlich, daß alle Pflanzen eine Art 'Muskel- und Nervensystem' haben, das von den gemeinsamen einzelligen Vorfahren der Pflanzen und Tiere stammt.

Das letzte Kapitel umfaßt eine Reihe einfacher Experimente, die es dem Leser ermöglichen, das Gelesene zu Hause oder im Labor praktisch nachzuvollziehen.

Paul Simons
Pflanzen in Bewegung
Das Muskel- und Nervensystem der Pflanzen

Aus dem Englischen von
Ursula Krümmel
326 Seiten, 63 Strich- und
22 Halbtonabbiludngen
16,5 x 23,5 cm
Gebunden mit Schutzumschlag
ISBN 3-7643-2930-0
In allen Buchhandlungen
erhältlich

Birkhäuser